U0323247

特种建（构）筑物建造安全控制技术丛书

城市地下工程施工
安全预警系统构建指南

李慧民　田卫　郭海东　盛金喜　著

北　京

冶 金 工 业 出 版 社

2018

内 容 提 要

本书结合城市地下工程规模愈益增大、埋置愈益加深、施工环境愈益复杂的发展趋势，首先综合梳理城市地下工程施工特点、安全问题与施工安全预警现状；然后在已有研究基础上对施工安全预警系统的设计基础进行阐述，说明其内涵、组成、理论与构建程序；进而针对各类主要城市地下工程（基坑工程、隧道工程、地下穿越工程）说明其施工安全预警系统的设计要点与理论体系；从实践可操作性角度对监测方式和监测仪器进行说明，并提供仪器选择方法；最后通过工程实例从实践角度对城市地下工程施工安全预警系统的设计与构建进行应用说明。

本书可供城市地下工程设计单位、建设单位、施工单位、监测单位以及监理单位等相关工作人员，以及土木工程、安全工程、工程管理等专业科研和技术人员参考，也可作为高等院校相关专业教学用书。

图书在版编目（CIP）数据

城市地下工程施工安全预警系统构建指南／李慧民，田卫，郭海东，盛金喜著. —北京：冶金工业出版社，2018. 3

特种建（构）筑物建造安全控制技术丛书
ISBN 978-7-5024-7674-8

Ⅰ. ①城… Ⅱ. ①李… ②田… ③郭… ④盛…
Ⅲ. ①城市建设—地下工程—工程施工—安全系统—指南 Ⅳ. ①TU94-62

中国版本图书馆 CIP 数据核字（2017）第 277564 号

出 版 人 谭学余
地　　址　北京市东城区嵩祝院北巷 39 号　邮编　100009　电话　(010)64027926
网　　址　www. cnmip. com. cn　电子信箱　yjcbs@ cnmip. com. cn
责任编辑　杨　敏　美术编辑　彭子赫　版式设计　孙跃红
责任校对　郭惠兰　责任印制　牛晓波
ISBN 978-7-5024-7674-8
冶金工业出版社出版发行；各地新华书店经销；北京虎彩文化传播有限公司印刷
2018 年 3 月第 1 版，2018 年 3 月第 1 次印刷
169mm×239mm；13 印张；250 千字；196 页
65. 00 元

冶金工业出版社　投稿电话　(010)64027932　投稿信箱　tougao@ cnmip. com. cn
冶金工业出版社营销中心　电话　(010)64044283　传真　(010)64027893
冶金书店　地址　北京市东四西大街 46 号(100010)　电话　(010)65289081(兼传真)
冶金工业出版社天猫旗舰店　yjgycbs. tmall. com
（本书如有印装质量问题，本社营销中心负责退换）

前　　言

本书结合城市地下工程规模愈益增大、埋置愈益加深、施工环境愈益复杂的发展趋势，系统阐述了城市地下工程施工安全预警系统构建的理论与实践基础。全书共分 6 章，其中，第 1 章介绍了城市地下工程的分类、特点、各类事故占比及施工安全预警现状；第 2 章系统总结、论述了施工安全预警系统的相关概念、基本要素、依据规范、基础理论、系统构成、构建程序以及监测方法与监测仪器，并给出关键环节较为合理的参考建议；第 3 章基于施工安全管理的科学性、综合性、协调性与人的不安全行为的随机性、难量测性等特点，提出了施工安全管理水平综合评价与危险源管控相结合的施工安全管理预警系统；第 4、5 章分别结合基坑工程、隧道工程的施工方法与安全事故特征，阐述了两类工程施工安全技术预警系统的主要内容，并辅以案例说明；第 6 章针对施工难度更大、环境更为复杂的地下穿越工程，梳理总结了其分类与安全风险，尤其是新建工程与既有建（构）筑物的相互影响关系，在此基础上说明了地下穿越工程的施工安全技术预警方法，并辅以案例说明。

本书主要由李慧民、田卫、郭海东、盛金喜撰写。各章撰写分工为：第 1 章由李慧民、田卫、盛金喜、钟慧娟撰写；第 2 章由郭海东、田卫、米力、钟兴举撰写；第 3 章由李慧民、徐珂、郭海东、李燕撰写；第 4 章由唐杰、李慧民、田卫、孟磊撰写；第 5 章由郭平、郭海东、盛金喜、林瑶撰写；第 6 章由韩树国、徐红玲、柴庆、唐杰、郭平撰写。

　　在本书撰写过程中，得到了西安建筑科技大学、郑州交通建设投资有限公司、百盛联合集团有限公司、中铁二十一局等单位的教师、工程技术和安全管理人员的大力支持与帮助，并参考了有关专家学者的研究成果与文献资料，在此一并向他们表示衷心的感谢！

　　由于作者水平有限，书中不足之处，敬请广大读者批评指正。

作　者

2017 年 10 月

目　　录

1 绪 论

城市地下工程具有投资大、周期长、技术复杂、不可预见风险因素多和对社会环境影响大等特点，是一项高风险建设工程，且施工期间一旦发生安全事故，损失后果严重甚至无法恢复，因此有效地防御或减少城市地下工程灾害已成为迫切需要解决的问题。自 2004 年以来，"安全、费用与风险"已成为国际隧道与地下空间协会每年年会的主题。城市地下工程施工安全预警系统作为信息化的管理手段，具有动态监测、预先诊断、高效决策、大量信息快速处理等特点，可以有效地预防和控制城市地下工程施工安全风险事件，成为城市地下工程施工安全风险管控的重要手段。

1.1 城市地下工程概述

人类社会对地下空间的开发利用有着悠久的历史，建于公元前 2690 年左右的胡夫金字塔是世界上最大的金字塔，也是标志性的地下工程建筑；中国地下空间的开发多用于建造陵墓和满足宗教建筑的一些特殊要求，如 1974 年 3 月在陕西西安发现的秦始皇兵马俑。20 世纪，尤其是 60 年代到 70 年代，世界主要工业发达国家处于政治稳定、经济飞速发展时期，人口向城市大量积聚，为解决城市交通问题，轨道交通及地铁建设进入全面发展阶段；伴随着地铁建设，地下街、地下车库以及多层地下室等地下空间也得到较大发展。地下建筑工程的开发利用可以有效缓减城市交通矛盾，改善城市生态环境，增强城市防灾减灾能力，2001 年建设部出台了关于修改《城市地下空间开发利用管理规定》的决定，对城市地下空间建设提出明确规定，为我国城市地下空间开发利用指明了方向。21 世纪以来，我国城市化率由 2000 年的 36.22%上升到 2016 年的 57.35%，城市化正属于加速发展时期，城市地下工程建设已经进入到大规模开发阶段。

1.1.1 城市地下工程发展

1.1.1.1 城市地下建筑工程

进入 21 世纪，伴随世界人口的急剧增长，城市集约化程度的提高，人均占有耕地的减少及环境生态的破坏，人们越来越重视对城市地下空间的开发利用，主要表现在城市地下停车场、城市地下人防工程、城市地下街、地下综合体的发展。

随着经济的发展，各个城市的汽车总量不断增加，为了解决城市中心区的公共停车和小区的个人停车难问题，地下停车场的建设必不可少，既有效地解决了停车难的问题，又适当地缓解了地上交通压力。目前，我国各大城市中大多数企业事业单位或者小区已建造了自用或公用的地下停车库；有的地下停车场已同地下街相结合，成为地下综合体的一部分。

城市地下人防建筑工程是为了保障战时人员和物资掩蔽、人民防空指挥、医疗救护而单独修建的地下防护建筑，以及结合地面建筑修建的战时可用的防空地下室。人防工程是地下工程的重要组成部分，它是城市抗灾救灾不可或缺的生命线工程，是防备空中袭击、有效保护人员和物资、保证战争潜力的重要设施。我国从 20 世纪 60 年代起进行人防工程建设，其中比较著名的有"816 工程"，全名为"三线建设进洞的原子能反应堆及化学后处理工程"。现在，新建的人防工程要求既要考虑到战时防空的需要，又要考虑到平时经济建设、城市建设和人民生活的需要，具有平战双重功能。

为了更好地适应日益丰富和变化的城市生活，地下综合体、地下街等多功能多元化地下空间设施正在大量兴建，此类购物设施的建设，有利于节约地上空间资源，缓解城市中心人口压力。

1.1.1.2 城市地铁

地铁是一种运量大、行驶速度快、占用道路空间资源少、能耗和污染低的城市轨道交通系统，其发展符合我国目前大多数城市高度密集的居住人口和道路空间资源有限的现状。2000 年，国家首次把"发展地铁交通"列入国民经济"十五"计划发展纲要，并作为拉动国民经济持续发展的重大战略；2011 年 4 月，国家交通运输部提出，要充分发展轨道交通和快速公交在城市交通系统中的骨干作用，300 万人口以上的城市加快建设以轨道交通和快速公交为骨干、以城市公共汽电车为主体的公共交通服务网络。2013 年 5 月，《国务院关于取消和下放行政审批项目等事项的决定》发布，明确城市轨道交通项目由省级投资主管部门按照国家批准的规划核准。在国家相关政策的引导以及社会发展的趋势下，我国的地铁建设发展朝气蓬勃，城市轨道交通事业发展迅速。2015 年末，国内累计已有 26 个城市开通城市轨道交通运营，共计 116 条线路，总长度达 3618km，其中，当年新增运营长度 445km，同比增长 14%，完成投资 3683 亿元，同比增长 27%。参考中国城市轨道交通协会数据，整个"十二五"期间国内轨道交通总投资额约 1.2 万亿元，而 2016 年 3 月印发的《交通基础设施重大工程建设三年行动计划》中指出，2016~2018 年国家将在城市交通领域重点推进 103 个项目前期工作，新建城市轨道交通 2000km 以上，共涉及资金 1.6 万亿元，仅 3 年时间投资额已超越"十二五"期间的投资总额，因此，预计整个"十三五"期间轨道交通发展将进一步提速。2015 年中国城市轨道交通运营线路制式结构见图 1-1，全国城市轨道交通运营线路长度见图 1-2。

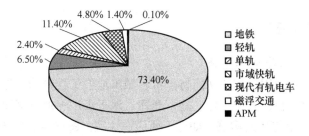

图 1-1 2015 年中国城市轨道交通运营线路制式结构

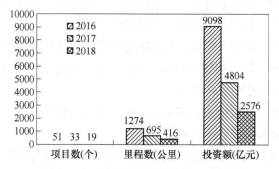

图 1-2 全国城市轨道交通运营线路长度

1.1.1.3 城市地下综合管廊

地下综合管廊是指城市在规划建设过程中，在道路或管线走廊带开辟一个公用的隧道空间，将供水、排水、电力、电信、光缆、热力、燃气等各种公共类管线及其附属设备按照一定的设计方案集中铺设在一起，以实现多个管道的共同建设、共同管理。地下综合管廊建设是现代城市规划的一个重要环节，对于城市的建设发展具有重要的意义。1832 年，法国巴黎规划建设出世界上第一条综合管廊，自此，综合管廊的建设理念由此兴起。1958 年，在天安门广场地下建设了第一条综合管廊，标志着我国地下综合管廊规划与建设的起步，随着改革开放以及城市化进程的加快，我国城市地下综合管廊建设逐渐走向成熟。

从 2003 年起到 2005 年，在广州大学城地下共建设了长约 18km 的综合管廊；2010 年，上海为了迎接世博会，向世界展现中国现代化城市的发展成果，在世博园地下启动建设了长约 6km 的综合管廊。根据"十一五"规划，我国全面启动地下综合管廊建设，并力争到 2020 年建成一批具有国际先进水平的城市地下综合管廊。2015 年 7 月底，国务院常务会议对综合管廊建设作出部署，要求在年度建设中优先安排综合管廊，并制定地下管廊建设专项规划。我国 2015 年确定了包头、沈阳、哈尔滨等 10 个地下综合管廊试点城市，2016 年确定了郑州、广州、石家庄等 15 个地下综合管廊试点城市。根据住建部的统计，截至 2016 年 12 月 20 日，全国 147 个城市、28 个县已累计开工建设城市地下综合管廊 2005km。

1.1.2 城市地下工程分类

1.1.2.1 按使用功能分类

按照地下空间利用设施的功能特点可将城市地下工程分为：地下民用与公共建筑、地下市政工程、人防工程、地下仓库、地下工厂、地下交通工程等。

(1) 地下民用与公共建筑，如地下商店、住宅、图书馆、体育馆等。

(2) 地下市政工程，如综合管廊、给水、污水、管线等。

(3) 人防工程，如人员隐蔽部、指挥所、疏散干道、救护站等。

(4) 地下仓库，如粮食、油料、蔬菜等的储藏库。

(5) 地下工厂，如水力或火力发电站的地下厂房以及各种轻、重工业厂房等。

(6) 地下交通工程，如铁路隧道、公路隧道、城市地下铁道等。

1.1.2.2 按开挖深度分类

浅层地下工程，一般指地表至-10m 深度空间内的地下工程，主要用于地下建筑、商场、文化和部分业务空间。

次浅层（中层）地下工程，一般指-10~-30m 深度空间内的地下工程，主要用于地下交通、地下市政工程等公用设施。一般城市地铁都属于次浅层（中层）地下工程。

深层地下工程，一般指-30m 以下的地下工程，可以建设高速地下交通隧道、危险品仓库、冷库、油库等。

1.1.3 城市地下工程施工特点

城市地下工程施工，一般是指在岩（土）体中施工修建建筑物、隧道等，其施工难度大、质量要求高、涉及安全风险因素众多，施工直接受到工程地质、水文地质和施工条件的影响，风险因素隐蔽且不确定，施工环境具有特殊性恶劣性等特点。

城市地下工程施工是在岩体或土体中开挖空间结构工程，与地面工程施工相比，地下工程施工主要有以下几个特点：

(1) 工程受力特点不同。地面工程是建筑经过施工形成后再承受自重、风雪以及其他静载或者动载，而城市地下工程在工程施工之前就已经存在地应力荷载。

(2) 工程荷载的不确定性。对于城市地下工程，工程围岩的地质岩体不仅是支护结构的荷载，同时又是承载体，其作用到支护结构上的荷载难以计算，给设计施工增加难度。

(3) 破坏模式的不确定性。地面工程的破坏模式比较容易确定，如强度破坏、变形破坏、旋转失稳等，而城市地下工程的破坏模式却一般难以确定，它不仅取决于岩土体工程、水文地质条件，而且还与开挖顺序、支护方式、施工工艺、支护时间等密切相关。

（4）地质环境的复杂性和不确定性。由于城市地下工程所处地质环境的复杂性和不确定性、地面及地下建（构）筑物密布并且工程活动频繁，使得城市地下工程施工过程中存在着诸多的安全风险。如在水位埋藏浅、多个透水土层和弱透水土层交互成层的复杂水文地质条件下，基坑工程开挖势必引起周围环境发生变化，导致周围地基土体的变形，对周围建（构）筑物和地下管线产生影响，严重时甚至会危及其正常使用或安全。

1.2 城市地下工程施工安全事故统计

1.2.1 城市地下工程施工安全风险

由于特殊的地理位置，城市地下工程通常是在软弱地层中施工，而且周边环境又极为复杂，各种工程条件及其影响存在较大的不确定性。一般认为，城市地下工程建设的安全风险主要分为工程自身和周边环境安全风险两类，其中以周边环境安全风险更为突出。城市地下工程施工主要特点如下：

（1）城市地层通常为软弱地层且变化频繁，地层条件的不确定性将带来较大的安全风险。

（2）城市地下工程施工过程中稳定性控制不力，易出现施工过程中的结构及地层失稳。

（3）城市地下工程施工时，遇到胶结较差的砂岩泥岩等软弱围岩，一旦遇到涌水，岩体坍塌，可能伴有突泥发生，易埋没结构，影响作业面安全。

（4）城市地下工程开挖时破坏含水层或含水的破碎带、断层、大溶洞容易发生较大的集中涌水，水量大流速快，会迅速增加地下工程空间内的积水，设备及施工人员的安全受到威胁。

（5）地下水位的变化，对城市地下工程施工影响很大。水位上升，会对地下结构物有浮托作用，降低地基承载力，就建筑物结构本身而言，当基础底面下压缩层内水位上升，水浸湿和软化岩土，使地基土的强度降低，压缩性增大，建筑结构易产生沉降，导致地基发生严重的变形。

（6）城市地下结构埋深较小，在地下工程施工中必然会对地表造成较大影响，与地面结构物的作用关系不确定性增加，安全风险增大。

（7）城市地面建筑物和地下管线密布，增大了城市地下工程的施工难度与安全风险。

（8）目前隧道及城市地下工程学科理论尚不成熟，加之地层及工程条件的复杂性与独特性，难以做到精细化设计和施工。

（9）由于城市中心城区人员集中，发生安全事故将造成非常严重的经济损失和社会影响。

1.2.2 城市地下工程施工安全事故类型

在对 2007~2017 年 45 起典型地下工程施工安全事故统计分析的基础上，根据事故类型进行分类，各事故类型占比见图 1-3，其中坍塌事故占比远高于其他类型事故，达到 60%；同时对地下工程在不同施工方法下所发生的安全事故进行统计分析，所占比例见图 1-4，由统计分析可知明挖法、盾构法施工安全事故占比达到 80% 以上，尤其是明挖法所占比例高达 60%。

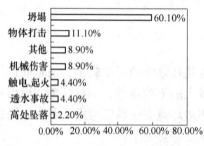

图 1-3 地下工程安全事故类型统计

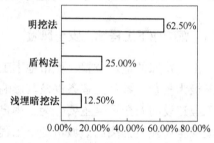

图 1-4 不同施工方法安全事故占比

在此基础上，分别对明挖法、盾构法、浅埋暗挖法进行各事故类型统计，事故类型占比以及事故发生部位统计如图 1-5~图 1-10 所示。

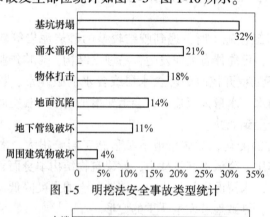

图 1-5 明挖法安全事故类型统计

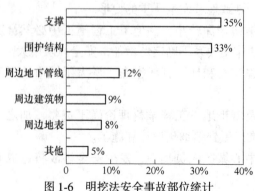

图 1-6 明挖法安全事故部位统计

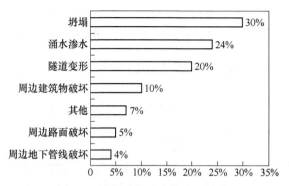

图 1-7　浅埋暗挖法事故类型统计

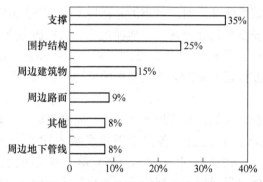

图 1-8　浅埋暗挖法事故部位统计

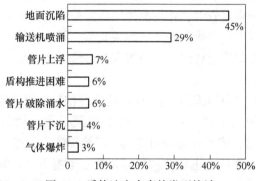

图 1-9　盾构法安全事故类型统计

对明挖法进行安全事故类型统计，可知坍塌事故在明挖法地下工程施工过程中所占比例最大；按照事故发生部位统计，支撑与围护结构部位分别占比 35%、33%，因此在安全管理中应加强边坡稳定验算、围护结构设计、基坑稳定性验算，现场监测时应注重围护结构、支撑的变形与受力变化。

对浅埋暗挖法进行安全事故类型统计，坍塌、透水、隧道变形事故占较大比

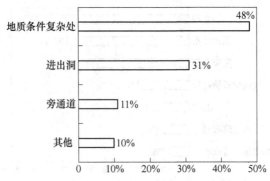

图 1-10 盾构法安全事故部位统计

例，因此在用浅埋暗挖法施工时应重点做好初期支护、注浆加固、降水措施等。

对盾构法进行安全事故类型统计，地面沉陷、机械伤害事故占较大比例；按照事故发生部位统计，盾构法施工事故主要发生在环境复杂的地层和进出洞口处，因此还需尽可能保证地质勘查信息资料的准确性，以及进出洞作业时各项工作的安全管控。

根据事故类型统计可知，城市地下工程施工安全事故中，坍塌事故所占比例最大，这里将坍塌事故再划分，各类型坍塌事故占比为：土体与支护的坍塌（62%）、地表沉陷（20.7%）、其他（11.1%）等。施工时大量的土方开挖及施工扰动可能引起土体过量变形、地层失稳、地表沉陷、地下水位的大幅度变化等问题。其中，地层损失、孔隙水压力及固结压密、次固结沉降极易引起地表变形。同时，塌落物的自重较大，作用范围很广，易产生群伤事故，且危及地上周边的建筑物及各种城市生命线的安全。地层变形、围岩失稳、支护不当是城市地下空间工程环境风险的主要诱因，主要表现为地层过度变形、突发性变形和土体失稳。

基坑坍塌事故的主要原因如下：（1）基坑开挖时坡度不够；（2）基坑边坡顶部的荷载超出支护的承载力；（3）由于路面机动车辆的震动，造成滑坡；（4）支护方式不合理、施工方法采用不当、开挖程序不正确；（5）超标高开挖；（6）支撑设置或拆除顺序不正确；（7）降水排水措施不合理等。

隧道坍塌事故的主要原因如下：（1）地质条件的复杂多变，原有支护措施不当；（2）支护的不及时、暴露时间过长，导致围岩风化严重、变形失稳；（3）隧道穿过断层及其破碎带，一经开挖，潜在应力释放，导致围岩失稳；（4）岩层软硬相间，或有软弱夹层的岩体，在地下水的作用下，软弱面的强度大大降低，因而发生滑坍；（5）施工方法选择不当，或工序间距安排不合理；（6）喷锚不及时，或喷射混凝土质量、厚度不符合要求等。

支护坍塌的原因主要有两个方面：一是支护结构实际受到的荷载作用超过了

其承载能力，特别是稳定承载能力；二是支护结构受到了不应有的荷载作用（侧力、扯拉、扭转、冲砸等），或者发生了不应有的设置与工作状态变化（倾斜、滑移和不均匀沉降等），导致发生非原设计受力状态的失稳破坏。

地表沉陷是指自然因素或者人为因素作用在地表岩、土体上，原岩、土体向下陷落，在地面形成塌陷坑（洞）的一种地质现象。城市地下空间工程的施工会引起地表沉降，在一定作用范围内形成一个凹槽，位于该凹槽作用范围内的建（构）筑物、道路、地下管线等会受到不同程度的影响。地表移动与变形对既有建筑物的损害形式主要包括：（1）地表均匀沉降损害；（2）地表倾斜损害；（3）地表曲率损害；（4）地表水平变形损害。在实际工程中，既有结构的损害往往由几种变形同时作用，应综合考虑城市工程施工过程中引起地表沉陷的多种因素，并结合周边既有结构可能发生的问题，采取有效的防范措施。

1.2.3　城市地下工程施工安全风险因素

拟建的城市地下工程沿线建（构）筑物密布、地下管线设施密集且复杂、工程地质与水文地质的不确定性和复杂多变性对工程影响很大，而且城市地下工程设计理论不足及设计方案缺陷、建设决策不力、施工现场管理不当等也是影响工程安全的重要因素。

（1）人的因素。人的因素对城市地下工程项目安全施工的影响，取决于两个方面：一是指直接参与工程项目建设的决策层、管理层和作业层人员的安全意识及安全素质，主要体现在决策层、管理层人员对施工安全现状的洞察力、安全态势的宏观控制力、安全事故的处理决策能力、安全生产的社会责任感等，以及作业人员的施工作业安全意识的培养、突发事件下应急自救能力的培养等；二是指承担建设工程项目策划、决策或实施的建设单位、勘察设计单位、咨询服务机构、工程承包企业等实体组织的安全管理体系及其安全管理能力，尤其是勘察设计单位，由于城市地下工程施工环境的特殊性，其勘察资料的准确性会直接影响作业人员的施工安全。

（2）物的因素。物的不安全状态是指能导致事故发生的物质条件，包括物本身存在的缺陷、防护保险方面的缺陷、物的管控方法的缺陷、作业方法导致物的不安全状态、保护器具信号、标志和个体防护用品的缺陷等，以及机械设备、各类技术方案、安全防护、施工工法、施工材料的适应性，施工机械的安全性，技术方案的合理性等。在施工期间应保证机械设备使用、搬运的规范性，并定期对施工设备进行检查和保养，使设备处于安全的工作状态，保证施工安全；同时，在施工期间也应对施工材料质量进行检验，首先规范材料进场质量验收，保证材料符合现场施工要求，其次也用注重现场材料运输、存储的管理，保证施工材料的安全性。

（3）环境因素。环境因素包括：1）城市地下工程建设项目水文地质条件复杂、多为不良地质和特殊地质，易发生土方（结构）坍塌、路面塌陷、土体滑坡、管涌等，这加大了城市地下工程施工技术难度和建设风险；2）城市地下工程对场地周围土体的扰动大，易对场地周围建（构）筑物、地下管线、桥梁、既有地铁、居民生活等造成影响，使得城市地下工程施工风险不仅具有内部因素的多样性，而且还具有鲜明的层次性，使得施工风险更加复杂化；3）施工现场的通风、照明、安全卫生防护设施等劳动作业环境，这些环境条件直接影响城市地下工程安全施工，加大了地下工程施工现场安全风险管理难度；4）城市地下工程上部荷载不是单一的，而是多方面的荷载和叠加体，如上部建筑物荷载、上部车辆通行的活荷载、车辆通行的冲击荷载等，这些荷载都会对地层变形有影响，危及施工安全。

1.3　城市地下工程施工安全预警现状

1.3.1　预警技术发展历程

"预警"最早出现于军事领域，它是指通过预警雷达、预警卫星等工具来提前发现、分析和判断敌人的信号，并把这种信号的威胁程度报告给相关的指挥部门，以采取措施来应对。随着预警研究技术的逐步成熟，安全预警技术开始从国家领域向企业领域扩展。20 世纪 80 年代，美国开始对企业危机管理进行预警研究；同时期，我国佘廉教授作为国内研究预警管理较早的学者之一，首次提出了企业走出逆境的管理理论，并且编写了对预警管理理论研究起到促进作用的阶段性的成果丛书——《企业预警管理》。随着我国安全生产预警理论的不断发展，一些学者专家将安全生产预警技术应用于企业管理、社会管理、建筑业、煤矿等领域。

1.3.2　地下工程施工安全预警理论

地下工程施工安全预警是指在明确工程施工安全风险及事故致因机理的基础上，对能够综合反映工程安全事故可能发生的安全预警指标进行动态监测，通过监测数据采用科学适用的诊断分析方法从时间和空间尺度上度量工程施工偏离既定安全状态的现状，并预测其未来的发展趋势，工程参与各方安全管理决策者结合预报的警情与现有控制技术手段，在综合判断警情的可控性后，及时采取相应的矫正控制措施或应急管理措施，以最大限度地降低可能造成损失的一系列活动。

地下工程施工安全预警从时空角度可以将其划分为时间预警和空间预警两种类型，空间预警是指在一定条件下划分可能发生安全事件的地域或地点，时间预警是在空间预警的基础上，针对某一具体地域或地点，给出某一时段内或某一时刻发生安全事故可能性的大小。

（1）从时间角度可以将地下工程施工安全预警划分为施工前安全风险评估和施工过程中警情预报两种类型。施工前安全风险评估是指通过以往安全事故的致因机理，对某一预警对象可能发生安全事故的概率与损失做出评估，而施工过程中警情监测预报是指对施工过程中安全事故发生可能性高于界定标准的警情状态做出准确预报，以及时采取有效的应对措施。

（2）从空间的角度可以将地下工程施工安全预警划分为区域安全预警和局部安全预警两种类型。区域安全预警的范围大，其不安全状态可能造成较大的损失或社会影响；而局部安全预警的预警对象范围小，其不安全状态一般可控性较强，如某部位的某一预警指标，甚至某一监测点。

1.3.3　城市地下工程施工安全预警系统研究

1.3.3.1　城市地下工程施工安全预警指标研究

预警指标的选取是预警管理的基础，建立全面可靠的地下工程施工安全预警指标体系对预警管理有重要的意义。地下工程施工安全预警指标体系建立的基础就是确立科学有效的预警指标。S. C. Ching（1997）经过数据处理和回归分析，详细分析施工监测结果，对施工中常见的问题提出关键监测项目和标准。M. Abdelmeguid（2002）利用三维弹塑性有限元模型监控地铁隧道施工效果，比较隧道衬砌应力、变形状态与实地测量的差异。刘翔等（2008）强调了在深基坑施工过程中，对各阶段存在的风险都要给予足够的重视，并在找出风险源的基础上给出了有关深基坑的风险控制措施。黄宏伟等（2008）讨论了基坑风险管理的研究进展和存在的问题，从概率损失和经济损失两方面着手，重点阐述了风险分析中的重要环节——风险评估。S. Rajendran（2009）采用德尔菲法，依据专家经验构建了可持续工程安全和健康等级系统的预警指标体系，并向建设公司和业主公司发放详细的调查问卷，最终确定25个必选影响因素及25个可选影响因素。王晓睿等（2011）以粗糙集理论为基础，把建立的风险评价指标进行筛选，简化支护，用神经网络法进行综合评价，使风险分析的效率和精确度有了很大的提高。李金玲（2011）完成了基于关联规则的地铁基坑工程施工风险监测的研究，通过运用关联规则分析得到45个引发施工事故的风险监测组合，从而甄选基坑工程风险监测项目。叶俊能（2012）等运用风险分析理论，结合工程实践和现场调研，对当地软土基坑的变形特性进行了考察研究，建立了适用于软土地质条件工程的预警体系，为该车站深基坑的安全施工提供了有利的保证。陈伟珂等（2013）应用WBS-RBS及关联规则对地铁施工灾害关键警兆监测指标进行科学选取，甄选出关键警兆监测指标，以实现地铁施工灾害警兆的实时监测和重点跟踪。

综上所述，现有与地下工程施工预警指标相关的研究，多基于安全风险、施工安全事故、监测数据的分析，在诸多相关因素中重点筛选出与安全风险关联性、代表性强的因素作为预警指标，目前已逐步形成较为全面的指标体系。由于不同地下工程的地质条件、施工工况、周边环境均不相同，所以各工程采用的预警指标体系也存在一定差异，预警指标的选择与监测方案的确定直接决定施工安全预警的效率、精度、监测成本以及工作量，因此如何结合工程实际建立科学合理、行之有效的预警指标体系成为关键工作。

1.3.3.2　城市地下工程施工预警监测方法研究

对城市地下工程运用适当的监测方法是准确获取预警指标监测信息的重要手段，监测方法的正确选取决定了日常预警管理监测的工程量、效率和成本。

E. H. Skinner（1974）在弗拉特黑德铁路隧道的施工建设中，就建议采用监控仪器采集隧道结构变形的相关数据，这在隧道施工发展上具有先导性意义。S. Maail 等（2001）介绍了对施工阶段的陆坡进行监控的安全仪表系统，该系统利用土壤应变计和张力计与数据记录仪连接，能够持续监控边坡的位移情况，并采用了两级的预警方式。R. Wilkins 等（2003）提出了一个由传感器和机器人组成的自动监测系统，来监测深基坑高边坡的位移情况，该系统实现了数据的自动采集，利用无线进行传输，根据位移变化的速率进行预警。王华强等（2008）针对目前地铁车站深基坑施工安全监测薄弱的现状，提出了一体化的解决方案设想，利用可编程人机界面控制器所具有的强大的数据采集功能与逻辑运算和控制功能及强大的网络通信能力，完成对地铁施工安全监测传感器数据的采集和监控，从而使城市轨道交通深基坑施工风险的监测和预控更加科学和准确。马法平（2010）在数据输入模块，解决了监测数据输入的可靠性问题，从人、机、环境、管理 4 个维度全面分析了地铁盾构施工的监测内容、监测指标，建立了施工风险监测指标体系，并给出对应的信息采集方式。

综上所述，目前施工监测方法逐渐向专业化、自动化发展，即利用监测仪器、传感器、无线数据传输设备等进行预警指标数据采集，同时通过计算机、信息网络等技术进行智能化的监测信息处理，从而大幅度提高监测工作的效率。但这些较为先进的监测技术与方法需要投入较大的成本，因此，大部分工程项目仍多采用较为传统的监测技术。

1.3.3.3　城市地下工程施工安全预警方法研究

地下工程施工安全预警方法主要包括预测方法与警情诊断方法。预测方法则是基于历史监测数据，通过数值模拟、数学模型等方法对其未来的发展趋势进行预测，以及时诊断可能出现的警情，并根据相关诊断结果启动相应的预案。

王穗辉等（2001）借助于神经网络方法，采用改进后的 BP 网络算法，对上海地铁2号线盾构推进中隧道上方的地表变形作了趋势预报。J. W. Seo，Hyun Ho Choi（2008）在调查了大量的安全风险事件并对其分类的基础上，通过在施工过程中采用检查表的方法对地下工程施工阶段的安全风险进行预警。B. Widarsson 等（2008）将贝叶斯网络（Bayesian Network）技术作为诊断理论应用于预警系统的设计中。G. S. Ng（2008）提出了一种基于局部模式学习和语义关联模糊神经网络的预警诊断系统。张毅军和吴伟巍（2010）分别运用 TOPSIS 方法和信号检测理论构建风险实时预测模型。张毅军和吴伟巍（2010）分别运用 TOPSIS 方法和信号检测理论构建风险实时预测模型。陈帆和谢洪涛（2012）为解决当前我国地铁施工过程的安全预警问题，构建因子分析与 BP 神经网络相结合的地铁施工安全预警模型，降低预警结果的主观性，有针对性地完善地铁施工的相关预警技术。陈伟珂、监丽媛等（2012）在充分考虑灾害后果延迟性和次生灾害发生性的前提下，选取地铁地下基坑工程施工事故中的常见警兆作为诊断目标，提出利用关联函数定量可控度的方法，建立可拓诊断模型，解决预案决策的优化问题，提高预案触发效率。

综上所述，目前施工安全预警方法多通过数学模型进行预测分析，现有研究中，预测方法多采用人工神经网络、TOPSIS、灰色预测等方法，警情诊断方法多采用可拓、证据理论等方法。如何结合安全事故的致因机理，实现动态、高精度、客观的预警功能成为研究热点与难点。

1.3.3.4 城市地下工程施工安全应急预案研究综述

虽然目前城市地下工程施工过程中突发事件还不能完全准确预测，但通过加强对地下工程施工过程的应急管理可以在很大程度上降低施工灾害可能造成的损失，已成为应对施工灾害措施的重要手段。

J. Y. Cheah 等（1994）对突发事件发生后的人员救助以及运输等方面进行了详细的研究。D. L. Bakuli，J. M. Smith 等（1996）综合运用排队论研究了突发事件下的资源分配问题。A. K. Gupta 等（2004）对突发事件发生后的人群疏散问题进行研究，并建立了相应的数学模型。徐树亮（2008）介绍了南京地铁1号线突发事件应急处置体系的建设情况，并结合在运营过程中的实际应用，对应急处置体系进行了修改完善。汪涛等（2008）通过对地铁火灾应急调度系统的分析，基于 AHP 方法提出系统层次分析结构，并通过计算得出地铁火灾应急调度的最优化管理办法。王乾坤、刘昆玉（2011）在调研地铁工程建设应急管理者需求的基础上，设计了地铁工程建设阶段应急管理处置流程，建立了采用多层方案的系统平台总体体系架构。刘淑嫦等（2012）主要从系统结构和系统功能两方面进行了研究，构建了系统逻辑结构和网络结构，提出构建基于 GIS 的地铁施工应急管理系统。近年来，我国对灾害的重视程度也在不断加大，在经历了应急管理体系的奠基期、迅速成形期、发展完善期三个阶段后，已成立了不同级别的应急救援指挥中心和应急办。

综上所述，目前城市地下工程施工安全应急管理方面的研究，多集中于应急管理体系、人员疏散策略、应急资源准备与调配等方面，并开始注重施工灾害发生时，施工现场与周边社会的联动协调应急管理。

1.3.4　城市地下工程施工安全预警系统应用

意大利 GeoDATA 公司针对地下工程施工推出了名为 GDMS（geodata master system）的信息化管理平台，该系统运用了 GIS 和 WEB 技术，由建筑物状态管理系统（building condition system，BCS）、建筑风险评估系统（building risk assessment，BRA）、盾构数据管理系统（TBM data management，TDM）、监测数据管理系统（monitoring data management，MDM）以及文档管理系统（document management system，DMS）5 个子系统构成，具备完善的风险管理方案，并在俄罗斯圣彼得堡，意大利罗马和圣地亚哥等地铁工程中得到应用。韩国 Chungsik Yoo 与 Jae-Hoon Kim 就土体移动和毗邻建筑物的损害风险预测，在 MapGuide ActiveX Control 软件的基础上结合开发了网络版评估系统，以首尔地铁号线的扩展线路为例，基于 IT 技术研究了在地铁施工过程中的安全监测和风险管理系统，通过地铁三维可视化地理信息子系统，以模块或功能等方式融入指挥中心的各种应用系统中，可实现通用 GIS 操作功能、动态标注 GPS 功能及监控查询功能。李惠强等（2002）指出深基坑支护系统的位移与变形不仅关系到基坑本身的安全问题，也影响到周边环境的安全，构建了支护结构安全预警系统，并在分析研究深基坑工程设计和施工实测资料的基础之上，采用改进的神经网络，建立起支护结构位移预测模型，并就基坑支护安全监测预警指标进行了讨论。杨松林等（2004）介绍了第三方监测分析管理信息系统的研究工作，以期实现城市地铁安全事故第三方监测工作的信息化管理，提高管理效率，保障地铁施工安全，该系统仅能作为第三方监测单位使用，无法与其他参与方信息共享，无数据分析功能。谢伟、高国政（2005）介绍了基于 web 方式的深基坑监测管理信息系统的设计，该系统基于网络和数据仓库技术开发，具有数据远程上传、数据图形化处理、数据简单预警和信息发布功能。吴振君等（2008）开发了基于 GIS 的分布式基坑监测信息管理与预警系统，该系统功能完善，实现了多方信息存储，并在此基础上实现了信息的处理、分析、查询、预测、预警以及成果输出功能。广州建设工程质量安全检测中心、广州市建设工程安全检测监督站、广州粤建三和软件有限公司等单位（2014）联合完成了"地下工程和深基坑预警系统"，该系统是依据《建筑基坑支护技术规程》（JGJ120—99）、《精密工程测量规范》（GB/T 15314—94）等国家规范编制而成，通过综合利用各种物联网技术，将多种现场监测仪器联通起来，实现监测数据的自动采集，并通过 4G/3G 和 GPRS 无线网络进行实时传输，对原始监测数据实时处理，形成各类变化曲线和图表，预防事故发生。周志鹏、李启明（2017）研究的 GIS-SCSRTEW 城市地铁预警系统是基于前馈信号角度研究地铁工程施工安全管理，将传统的"问题出发型"的安全管理模式，发展为"问题发现型"的安全管理模式。基于复杂网络理论和扎根理论分析事故前馈信号的发生机理，运用新兴信息技术（传感器、射频识别、ZigBee 技术等）对事故前馈信号进行实时监控，采用灰色系统理论构建地铁施工安全风险实时预警模型，以 ArcGIS 和 Microsoft Visual Studio 为软件平台开发地铁施工安全风险实时预警系统。

综上所述，目前城市地下工程施工安全预警系统的应用在传统安全风险预警理论的基础上，逐渐引入信息化、网络化、地理信息、定位系统、无线传输等技术，通过建立综合性的安全管理平台辅助决策者获取信息、多方联络并快速决策。就现有施工安全预警系统而言，其已能够较好地实现施工过程的安全风险预警管理，但总体尚处于发展阶段，各项理论、功能、技术还需进一步提高完善，各功能之间的衔接还需进一步系统化。

2 施工安全预警系统构建基础

城市地下工程一般具有较大的规模、多样的地质条件、复杂的周边环境等，这使其施工过程安全风险巨大，一旦管控不力易产生巨大的经济损失与社会影响，基于此施工安全预警系统对安全事故应具有预防、预警、控制、应急、免疫等功能，这需要对城市地下工程进行系统化的安全风险分析、施工安全监测、诊断报警、警情决策等衔接紧密、协同配合的工作，并辅以先进的测量仪器、信息管理技术、必要的资源配备才能实现预警系统安全事故防控的核心功能。

2.1 施工安全预警内涵

2.1.1 施工安全预警相关概念

2.1.1.1 工程风险管理

根据国际标准化组织的定义（ISO13702—1999），风险是衡量危险性的指标，风险是某一有害事故发生的可能性与事故后果的组合。

国家建设部 2007 颁发的《地铁及地下工程建设风险管理指南》将工程风险定义为："若存在与预期目标相悖的损失或不利后果（即潜在损失），或由各种不确定性对工程建设参与各方造成损失，均称为工程风险。"

工程风险管理则是通过识别风险、衡量风险、分析风险，用系统科学的方法来综合防控工程全过程可能出现的风险，以保证工程实施预期目标顺利实现的科学管理方法。相关工程风险主要包括人员伤亡、经济损失、工期延误、成本超支、质量缺陷、环境影响、社会影响等。

2.1.1.2 工程安全管理

安全管理是指在生产经营活动中，通过管理措施与技术措施使得人、机、物料、环境和谐运作，使生产过程中潜在的各种安全风险因素始终处于有效控制状态，防止人员伤亡、财产损失以及相关不利影响的发生。

工程安全管理是为保证工程实施全过程中人员和财产的安全，运用现代安全管理的原理、方法和手段，分析并研究各种潜在的不安全因素，从技术、管理和环境上采取针对性的防控措施，及时有效地消除和解决各种不安全因素，防止安全事故的发生。

2.1.1.3 工程风险管理与工程安全管理

工程风险管理的内容较工程安全管理更为广泛，侧重于风险损失的测算与应对措施。依据《城市轨道交通地下工程建设风险管理规范》（GB 50652—2011），工程风险管理涉及规划、可行性研究、设计、招投标、施工等阶段，不仅涉及安全风险，还包括进度风险、质量风险、成本风险等。

工程安全管理是基于事故发生机理与风险管理理论，将安全生产与人机工程相结合，尽最大可能防止安全事故的发生，侧重于对安全风险的防控与消除，相较工程风险管理几乎不存在安全风险自留、转移、回避的情况。

2.1.1.4 预警

预警在《辞海》中解释为事先觉察可能发生某种情况的感觉，可理解为危险事先警告，即在安全事故发生之前对其可能发生的情况进行警告，因此预警的本质目的在于对可能发生的安全事故进行甄别与事前防控。预警管理作为现代化的安全风险管理手段，国内外学者已对预警进行了较为深入广泛的研究，并从不同角度对预警进行定义。

早期预警的主要功能仅为警情预报，预警被定义为对某种状态偏离预警线强弱程度的描述以及发出预警信号的过程，是一个识别错误、诊断警情、预先报警的过程。

随着研究的深入，警情控制被纳入预警的范畴，即在警情预报的基础上增加了偏离状态矫正、安全事故控制、应急管理等功能。偏离状态矫正是通过采取措施使对象从预警状态回归到安全稳定状态；安全事故控制是对已经发生、尚未成灾、可控性高的安全事故，在其发生后通过采取措施阻止其继续发生并进入到安全稳定状态；应急管理是针对不可避免的灾害事件采取应急响应措施，主要包括灾害减缓与抢险救援工作，应急管理中的灾后重建工作尚未被纳入预警管理的范畴。

因此，预警是根据已获得安全风险相关的规律或结论，通过预警对象警兆的监测，对其安全状态进行现状评价与发展趋势预测，综合诊断明确警情后，及时向相关部门发出紧急信号，报告警情状况，通过采取高效的控制措施防止安全事故的发生，或者提前做好准备迎接无法避免安全事故的到来，最大程度降低损失的一系列活动。

此外，由于预警活动的全过程皆依赖于信息传递与处理，所以从信息视角来看，预警还可以理解为组织内安全风险的一种信息反馈机制。

2.1.1.5 施工安全预警

施工安全预警是指在明确工程施工安全风险及事故致因机理的基础上，对能够综合反映工程安全风险的预警指标进行动态监测，通过监测数据采用科学适用准确的诊断分析方法度量工程施工偏离既定安全状态的现状与发展趋势，工程参与各方安全管理决策者结合预告的警情与现有控制技术手段等，在综合判断警情的可控性后，及时采取相应的矫正控制措施或应急管理措施，以最大程度降低损失的一系列活动。

安全事故致因机理是对以往同类型工程生产活动中，各类安全事故事故发生规律的总结，总结过程需要辅以数据挖掘技术、专家系统等作为技术支撑，数据样本越大、专家经验越丰富，得到的安全事故事故致因机理则越系统，更有利于警情原因分析与决策。

施工安全预警系统由施工安全预警各项工作构成，是这些工作能够衔接配合协同实现施工过程中安全事故预警防控功能的有机整体。

需要说明的是，由于风险因素的不确定性，并没有百分之百绝对的安全状态，一般所说的安全状态是指生产过程整体上处于稳定、有序、合理的运行状态，但其中亦存在若干较为隐蔽的不稳定因素，是相对的安全状态；若存在的不稳定因素较少，则属于偏安全状态，若存在的不稳定因素较多，安全事故尚未发生，则属于预警状态。

2.1.2　施工安全预警基本要素

2.1.2.1　警源

警源是引起警情的根源，亦是安全事故的源头，是生产活动中存在的较为隐蔽且能够逐步发展的不稳定因素。安全事故则是警源逐步发展到一定程度产生危害损失的结果。该发展过程的基本形式有：（1）警源自身发展到一定的程度进入预警状态；（2）警源在发展过程中激发出新的不稳定因素，与新的不稳定因素协同作用进入预警状态；（3）警源发展后，与一些已存在的不稳定因素发生耦合，共同作用进入预警状态。在安全事故实际发生的过程中，除单一基本形式外，多为基本形式的多样组合，如图 2-1 所示。

2.1.2.2　警情

警情是警源发展到一定阶段表露出来的负面状态，其反映了接近某安全事故的程度。城市地下工程施工过程的警情主要包括两部分：一部分是地下工程施工过程中自身出现的警情；另一部分是地下工程施工过程中周边环境出现的警情。唯有明确警情，才能有针对性地采取合理的控制措施。

2.1.2.3　警兆

警兆是警源发展到一定程度预先显露出来，可以察觉、量测且与警情有规律可循的异常变化迹象。警兆可能是警源自身的异常变化迹象，也有可能是警源发展后，引起其他物体产生的异常变化迹象。

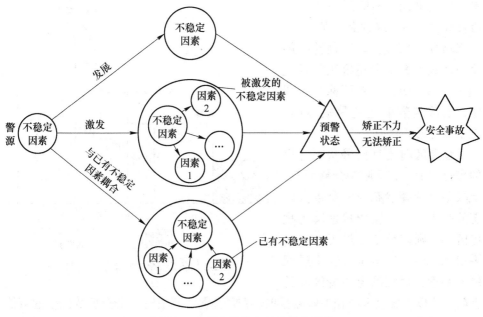

图 2-1　安全事故发生过程基本形式

2.1.2.4　警级

警级是警情严重程度的表示，是对预警状态下与安全事故不同接近程度的量化表示。警级有利于安全管理者对警情严重程度进行迅速的量化识别，从而做出高效的控制决策。

现行标准规范中，部分规范未进行警级划分，仅设定了报警值的参考范围，依据规范确定报警值后，当实际监测值达到报警值时，应立即报警并采取措施，属于单级预警；还有部分规范设定了多个警级与相应的区间，属于多级预警。

单级预警具有较强的警示性，相较多级报警，其虚警情况较少，但有时个别警情已发展到严重程度，矫正控制难度大。多级预警则通过多个警级来反映施工现场的预警状态，有利于安全管理者清晰掌握地下工程施工过程稳定性的安全状况，采取矫正控制措施的空间较大，但若最低警级阈值设定较低，易出现频发虚警的问题。

2.1.2.5　阈值及预警区间

在施工安全预警系统中，阈值是达到预警状态或某级别预警状态的最低限值，是状态与状态之间的临界值。当采用单级预警时，监测数据达到阈值后，则认为施工过程出现危险情况，应予以重视并采取措施；当采用多级预警时，需根据已划分警级分别确定其对应阈值，如图 2-2 所示，应确定轻警阈值、中警阈值、重警阈值，监测数据达到某项阈值后，则认为施工过程处于其对应的警级状态。由此可知，多级预警相较单级预警，是在单级预警的基础上，适当增加了警级，单级预警的阈值与多级预警中最高警级的阈值涵义基本一致，二者可称为警戒值，当监测数值达到警戒值时，应予以足够的重视。

预警区间是对预警状态边界的量化表示，其下限为预警阈值，上限则是预警状态与安全事故状态的临界点，当监测数据属于预警区间，则表示施工过程处于预警状态。由于安全事故发生过程的复杂性，很难确定预警区间的

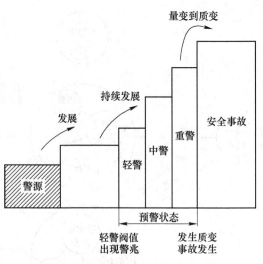

图 2-2 施工安全风险事故发生过程

上限，所以当安全事故相关监测数据达到最高警级阈值时，安全事故发生的可能性很高且无法预判，应予以高度重视。若采用多级预警，各警级对应的区间则是对预警区间的细分，各警级对应的阈值为分界点。

2.2 施工安全预警依据规范与基础理论

2.2.1 规范标准

目前，我国已经出版多部与地下工程施工安全预警相关的标准规范，具体见表 2-1。

表 2-1 地下工程施工安全预警相关标准规范

序号	规范名称	标准号	级别
1	《建筑基坑工程监测技术规范》	GB50497—2009	国家标准
2	《城市轨道交通工程监测技术规范》	GB50911—2013	国家标准
3	《锚杆喷射混凝土支护技术规程》	GB50086—2001	国家标准
4	《地下铁道工程施工与验收规范》	GB50299—1999	国家标准
5	《城市轨道交通工程测量规范》	GB50308—2008	国家标准
6	《建筑地基基础工程施工质量验收规范》	GB50202—2002	国家标准
7	《公路隧道施工技术规范》	JTGF60—2009	行业标准
8	《建筑基坑支护技术规程》	JGJ120—2012	行业标准
9	《南京地区建筑基坑工程监测技术规程》	DGJ32/J189—2015	地方标准
10	《基坑工程施工监测规程》	DG/TJ08—2001—2006	地方标准

序号	规范名称	标准号	级别
11	《地铁工程监控量测技术规程》	DB11/490—2007	地方标准
12	《基坑工程技术规范》	DG/TJ08—61—2010	地方标准
13	《北京市地铁工程监控测量技术规程》	DB11/T490—2007	地方标准
14	《铁路隧道监控量测技术规程》	Q/CR 9218—2015	企业标准

2.2.2 基础理论

施工安全预警基础理论如图 2-3 所示。

2.2.2.1 失败学理论

失败学理论是以管理学理论为基础，以失败案例研究为重点，汇总归纳形成理论后作为决策、预测工具的学科，提高管理工作的科学性。狭义失败学是指总结前人失败的经验教训；广义的失败学除总结相关失败经验之外，还包括逆商学、误区学、预警学、危机管理学等相关研究工作。施工安全预警是在以往安全事故的致因机理、存在的问题、应对失误或无效策略分析的基础上，进行当下工程施工安全风险的预警防控，这与失败学理论一致。

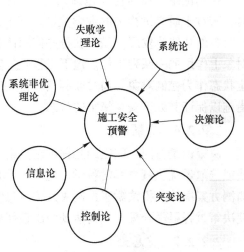

图 2-3 施工安全预警基础理论

2.2.2.2 系统非优理论

系统非优理论认为所有的实际系统有"优"和"非优"两种状态。"优"包括优和最优，"非优"包括可以接受的不好结果和损失。任一系统都不是始终在"优"的状态下运行，而往往徘徊在"非优"的范畴内，即在某些情况下，优或最优并非运行的总目标，核心目标在于防止进入非优状态或对已进入非优状态的对象采取措施使其脱离非优状态。地下工程施工安全预警的本质目的是防止施工过程由安全状态转入危险的状态或贴近危险的状态，该理念则与系统非优理论一致。

2.2.2.3 系统论

系统是由若干相互作用相互依赖的组成部分结合而成，具有特定功能的有机整体。施工安全预警系统则是由预警监测、诊断报警、警情决策、信息管理等工作组成的有机整体，通过衔接配合协同实现对安全风险的预警防控。

2.2.2.4　突变论

突变论认为系统所处的状态可用一组参数描述。当系统处于稳定状态时，标志该系统状态的某个函数就取唯一的值。当参数在某个范围内变化，该函数值有不止一个极值时，系统必然处于不稳定状态。突变论的主要特点是用形象而精确的数学模型来描述和预测事物连续性中断的质变过程。地下工程施工安全事故的发生或即将发生前的状态即为不稳定状态，对该不稳定状态的界定与预测成为施工安全预警的关键工作。

2.2.2.5　控制论

控制论是研究动物（包括人类）和机器内部的控制与通信的一般规律的学科，着重于研究过程中的数学关系。其中，"控制"是为"改善"某个或某些受控对象的功能或发展，需要获得并使用信息，以这种信息为基础而选出的、于该对象上作用的一系列工作。地下工程施工安全预警则是将地下工程施工过程的安全状态作为控制对象，通过监测获取相关信息，在诊断分析后，采取相应的控制措施以保证其处于安全稳定的状态。

2.2.2.6　决策论

决策论是对同一问题的几种可选方案，根据信息和评价准则，用数学方法寻找或选取最优决策方案的科学。地下工程施工安全预警涉及安全风险预防决策、监测方案决策、警情矫正控制决策、应急管理决策等，这些工作均需基于决策论使决策过程科学合理，从而达到做出最佳决策的目的。

2.2.2.7　信息论

信息论是运用概率论与数理统计的方法研究信息、信息熵、通信系统、数据传输、密码学、数据压缩等问题的应用数学学科。预警广义上可认为是一种信息反馈机制，预警必须要有一定的信息基础才能进行信息的分析、归纳、发布。施工安全预警管理则需要对施工过程中预警相关的信息进行收集、筛选、存储、分析、转化和综合，从而指导控制决策工作。

2.3　施工安全预警系统功能

2.3.1　安全预防功能

我国现行安全生产方针为"安全第一，预防为主，综合治理"，所以施工安全预警首先应具有安全风险的主动预防功能，即通过现行标准规范、安全管理规定、安全生产技术、安全风险分析，对即将进行的施工活动进行事前分析，明确并把控其安全风险控制要点，以保证施工过程处于有序稳定安全的状态。

2.3.2　动态监测功能

地下工程施工安全事故的发生过程多难以察觉，这需要通过现代化高精度的量测仪器对预警指标进行动态量测，动态掌握施工现场的安全状态，从而实现警情预报。动态监测是地下工程施工安全预警系统的基础功能。需要说明的是，动态监测并非是每时每刻地进行监测，而是依据施工过程中施工安全预警指标的重要性、灵敏性、变化规律进行监测，监测频率的设定应以能够清晰掌握施工安全预警指标变化趋势为准则。

2.3.3　警情预报功能

施工安全预警系统的本质目的是及时发现并掌握施工过程偏离安全状态、接近安全事故的程度，在综合分析原因后及时做出高效有针对性的控制措施。因此，警情预报功能是预警系统的主要任务，是在明确施工安全现状与未来变化趋势后，对警情的综合诊断与发布。根据警情预报功能的本质要求，其应具有安全现状评估的准确性、未来警情的预见性以及警情的预先告知性。

2.3.4　矫正控制功能

矫正控制功能的主要任务一方面是将发展到一定程度处于离轨状态的不稳定因素通过采取一定的技术措施、管理措施使其回归到稳定的状态，是安全事故主动防控的重要手段；另一方面是对已经发生、尚未成灾、可控性高的安全事故，通过采取一定的处理措施阻止其继续发生，并使相关不稳定因素转为安全稳定的状态。需要说明的是，这里的稳定状态应是警情原因综合分析后，对可能存在的原因逐一排查，力求处理所有相关的不稳定因素，从而保证预警指标完全进入无警状态，应防止不稳定因素处理不彻底出现控制反弹的情况。因此，采取矫正控制措施后，还应予以一定时间的跟踪关注，确保其完全稳定后方可解除警情。

矫正控制措施的安全可靠成为矫正控制功能的关键，否则会导致控制效果不佳或激发新的不稳定因素，进而导致警情的不利发展或产生新的警情等情况。

2.3.5　灾害应急功能

灾害应急功能是灾害事件（可控性差、灾害性强的安全事故）即将发生或已发生后，应立即启动应急响应机制，对危害影响范围内的人员、机械进行紧急撤离，并迅速采取合理有效的灾害减缓措施与隔离措施，对撤离不及时的人员应迅速开展抢险救援，尽可能减少灾害造成的损失与社会影响。

2.3.6 警情免疫功能

当施工过程中，曾经发生过的安全事故可能再次发生时，预警系统应能够迅速判别、预报警情，并运用曾经采取过的行之有效的矫正控制措施进行预防控制，这种功能称为警情免疫功能。在免疫功能的作用下，不会再出现该安全事故发生的情况。由此可知，唯有掌握该安全事故的警兆特征、致因机理、有效处理措施等，才能确保该功能的实现。这里的安全事故致因机理是对以往同类型项目生产活动中，各类安全事故发生规律的总结，需要辅以数据挖掘技术、专家系统等作为技术支撑。

2.3.7 信息高效与可视化功能

施工安全预警系统运行过程中，需要采集、分析、存储大量数据，易出现信息超载的现象，且监测信息具有多样性、不完整性、冗余性、不确定性、因果链复杂等特点，这需要对信息进行搜集、加工、筛选、提炼、综合，信息采集、处理的高效与否会直接影响警情控制的效率，若错过最佳控制时机，警情的可控性由主动转为被动，则增大了控制成本，并增加了警情失控的可能性。

同时，由于数据量过大，若以单纯排列的方式供安全管理者进行警情决策，则会大大降低安全管理者的处理效率，因此，将数据分析结果通过图形图像等形式予以呈现，则能够帮助安全管理者快速理解和分析数据，所以对施工安全预警系统进行软件开发时，良好的人机交互界面成为关键点之一。

2.4 施工安全预警系统构成

城市地下工程施工安全预警的根本目的是防止施工过程中安全事故的发生，已知其施工过程中自身的安全事故主要有坍塌、透水、物体打击、机械伤害、起重伤害、高处坠落、触电、起火等，周边环境的安全事故主要有周边地表（含道路）过大变形或沉陷、建（构）筑物过大变形、周边管线变形破坏等。对这些安全事故进行预控则需要对预警指标进行监控，通过确定预警指标的安全现状，并预测发展趋势，综合分析诊断警情，进而采取控制措施。

对于城市地下工程，施工现场的坍塌与透水、周边环境建（构）筑物的过大变形与破坏等安全事故的警兆主要体现在现场部分物的变形与受力变化、土体中的含水率与水压力、结构的裂缝与破损等方面。这些警兆可通过仪器监测、现场巡视检查等方式进行监控，其技术量测性、可观察性较好。基于此，将此类安全事故称为技术类安全事故。

在城市地下工程安全事故中，还有一部分安全事故具有突发性、瞬时性，该类安全事故的发生几乎不存在警兆，如高处坠落、物体打击、机械伤害、触电、起火等，根据现有研究成果表明，人的不安全行为是导致安全事故的主要原因，这是因为在施工现场，人的不安全行为具有一定的随机性与难量测性，因而人的不安全行为导致的物的不安全状态，也随之具有不确定性。同时，现有研究表明，施工现场良好的安全管理水平能够很大程度上减少人的不安全行为。基于此，将此类安全事故称为管理类安全事故。

综上所述，基于管理类与技术类安全事故的特点，施工安全预警系统可划分为施工安全管理预警系统与施工安全技术预警系统。施工安全管理预警系统主要进行管理类安全事故危险源的管控与工程施工安全管理水平的综合评价，以保证施工具有良好的安全管理水平；施工安全技术预警系统主要对技术类安全事故的相关警兆进行动态监控，确保施工现场、周边环境处于安全稳定的状态。

2.4.1 施工安全管理预警系统

管理类安全事故的原因是施工过程中存在的危险源，包括人的不安全行为、物的不安全状态、环境的不良条件。施工安全管理预警系统首先应对施工安全管理水平进行综合评价，对不合格的安全管理水平或安全管理指标进行及时改进。良好的施工安全管理水平，有助于减少施工过程中危险源的产生并及时消除危险源，尤其是可间接对人的不安全行为进行管控。施工安全管理预警系统还应对施工过程中存在的危险源进行管控，由于施工工艺、条件、环境的复杂性，无法完全保证施工过程中不出现危险源，所以应通过施工过程中定期的危险源检查工作，及时发现并消除危险源。

2.4.1.1 施工安全管理水平综合评价预警

A 施工安全管理水平综合评价指标体系

综合评价指标是关于评价对象随时间变化的度量信息，主要从定性定量的角度说明对象的属性和特征；评价指标体系是指相互关联、相互影响的指标集合。评价指标体系是进行施工安全管理水平综合评价的前提，其是否科学、有效、完备、客观以及便于操作，直接关系到施工安全管理水平评价的客观性与合理性。因此，评价指标体系的建立是一个十分关键的过程。

B 施工安全管理水平综合评价预警方法

首先，应通过设定综合评价等级以代表不同层次的施工安全管理水平，并根据设定的评价等级确定预警界限，当施工安全管理水平低于预警界限时，应发出警报。然后，在评价指标体系的基础上，需通过一定的理论进行数据采集与结果合成，所以结合施工安全管理水平评价指标体系的特点，选择适宜的评价方法成为关键工作。最后，评价的目的在于进行良好的改进，应结合评价结果有针对性地采取改进措施，保证施工安全管理的水平处于良好状态，这是施工安全管理预警系统的主要任务。

2.4.1.2　施工过程危险源管控

由于地下工程施工过程复杂，涉及多样的水文地质条件、专业工种以及大量的材料与机械设备，易随机出现诸多危险源，若不及时消除或处理，危险源数量不断增加，则大大提高了安全事故发生的可能性。因此，应针对地下工程具体的施工阶段与施工活动，编制其相应的危险源检查清单，通过高频率的周期性检查，确保施工过程中危险源的数量尽可能最小，以从源头上防止安全事故的发生或弱化安全风险的孕育条件，从而实现相关安全事故的主动防控工作。施工过程危险源管控主要包括危险源辨识清单的编制、危险源周期性检查以及界定发现后允许处理的时间。

2.4.2　施工安全技术预警系统

施工安全技术预警系统主要由预警监测、诊断报警、警情决策、信息管理四大模块构成，如图 2-4 所示。施工安全预警系统首先通过预警监测模块对施工过程中预警指标的数值或状态进行动态监测与信息辨伪，将监测信息存储到信息管理模块；然后由诊断报警模块从信息管理模块提取监测信息，通过当前监测信息诊断施工现场的安全现状，通过历史施工记录与监测信息预测预警指标的发展趋势，进而通过警情诊断方法分析确定是否存在警情，当确定存在警情时，则立即通过信息管理模块向各相关参建主体及时发出警报并说明警情等级与具体情况，同时，将分析结果存入信息管理模块；警情决策模块是安全管理者应对警情做出决策的辅助工具，首先基于信息管理模块中的事故数据库，通过专家系统对预报警情的原因进行分析，在核查确定原因后，再通过信息管理模块中的矫正预案库或应急预案库，提供可参考的警情对策，并在综合分析后做出决策。警情对策实施后，还应通过预警监测模块与诊断报警模块对警情控制效果进行跟踪，直至不稳定因素完全进入稳定状态，则预警状态解除。

需要说明的是，在城市地下工程施工过程中，前期施工的工程质量在一定程度上决定了后续施工现场的稳定性，因此每阶段工程施工质量安全性能的验收对地下工程施工安全风险的防控显得尤为重要。若存在施工质量安全性能的问题，则应通过技术方案处理解决后，方可进行下一步施工。

2.4.2.1　预警监测模块

A　预警监测范围与监控区域划分

就城市地下工程施工安全风险而言，主要包括地下工程施工安全风险与周边环境安全风险。据此，预警监测的范围分为地下工程施工区域与周边环境区域。基于网格化管理理念，可对地下工程施工区域、周边环境区域进行监控区域细

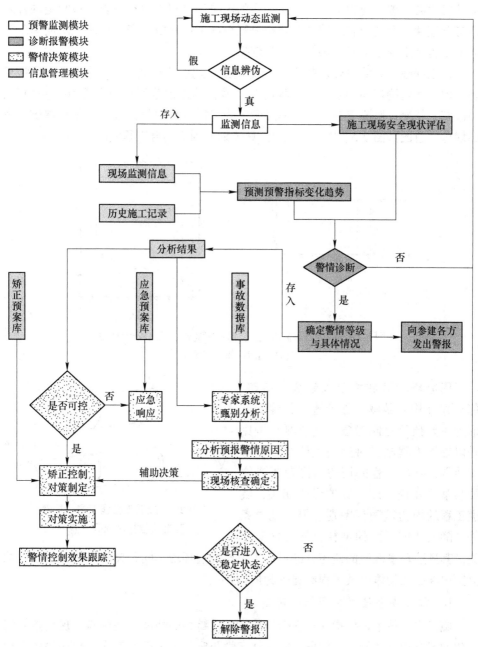

图 2-4 施工安全技术预警系统

分，划分后的各监控区域称为监控分区。网格化管理是将管理对象区域按照一定的标准划分成为单元网格，通过加强对单元网格的部件和事件巡查，建立一种监督和处置互相分离的形式。借鉴这种理念进行监控分区的划分能够准确反映预报警情发生的位置、周边情况及可能造成的影响，有利于矫正控制措施制定的针对性与合理性，有利于总结同类型监控分区在施工过程中的变形规律，从而为新建地下工程施工安全预警提供管控决策依据。

在工程施工区域主要以基坑工程或隧道工程施工环境的稳定性为主要预警控制对象，其监测范围则是整个工程施工区域，其监控分区可根据现有相关规范、类似施工状况、监测点布设和工程经验等为依据进行划分，基坑工程与隧道工程的划分示意图如图 2-5、图 2-6 所示，具体划分则应结合工程实际。

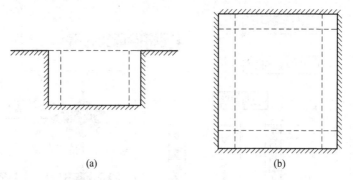

(a)   (b)

图 2-5　基坑工程施工安全技术预警监控分区划分示意图
(a) 剖面；(b) 俯视

周边环境区域主要以地表、道路、邻近建（构）筑物、邻近地下管线的变形为主要预警控制对象，其监测范围则是以地下工程施工对周围土体扰动的影响范围，基坑工程的周边监测范围则主要与基坑开挖深度、支护形式相关，隧道工程的周边监测范围则主要与地质条件、隧道开挖断面的半径、隧道埋深相

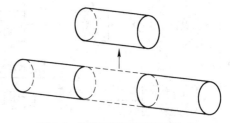

图 2-6　隧道工程施工安全技术
预警监控分区划分示意图

关。其周边环境区域的监控分区可以工程对周边环境不同距离的影响程度、影响范围内存在的物体以及工程经验等为依据。

B　施工安全技术预警指标确定

施工安全技术预警指标是安全事故发生前警兆的载体，是对施工现场随时间变化的安全稳定性的度量依据，能够从定性与定量的角度反映施工现场的安全稳定性；其本身状态或监测数据的异常变化，是施工过程中存在显著不稳定因素的直接反映。施工安全技术预警指标体系则是及时、准确、综合、有效地反映施工现场安全稳定性及发展趋势的指标集合构建的预警指标体系是否科学、有效、完备、客观以及便于操作，将直接决定监测数据的采集整理工作，进而直接影响警情预测、诊断等核心功能，导致错警、漏警情况的发生，所以，施工安全技术预警指标体系的建立是一个十分关键的过程。

a 施工安全技术预警指标体系的确定原则

灵敏性：施工安全技术预警指标应在安全事故发生前相对其他指标，其变化趋势与变化程度更为突出，即该施工安全技术预警指标对安全风险具有灵敏性。施工安全指标的灵敏性越高，越能准确预测、诊断警情，相反，不敏感或敏感性较低的指标不仅不利于警情预测，还会增加预警监测的工作量，应予以剔除。

独立性：在诸多可选的指标中，部分指标之间存在一定程度的相关性，在确保准确预警功能的前提下，应采用科学的方法处理可选指标中相关程度较大的指标，从中提取代表性强、灵敏度高的指标作为施工安全预警指标，剔除剩余指标，以保证施工安全技术预警指标具有一定的独立性。

系统性：施工安全技术预警指标体系应能够反映施工现场的安全现状，这要求其应具有良好的系统性，否则易导致预警综合诊断结果的偏差，直接影响安全管理者的决策。

可量测性：施工安全技术预警指标应具有可量测性，即该预警指标能够通过仪器或巡查的方式，以数值或定性描述的方式说明其状态。但有些指标则无法进行量测，如人的不安全行为，由于其随机性大、记录性差，虽然是施工过程中占比较大的不安全因素，但难以对其进行量测。

b 施工安全技术预警指标体系建立的程序

施工安全技术预警指标的确立，首先应针对预警对象确定其可能发生的安全事故。然后针对各类安全事故依据现有标准规范的规定、安全事故的致因机理、预警指标的确定原则，经过汇总筛选后得出与安全事故关联性较强的预警指标，进而形成施工安全技术预警指标体系。

对于工程规模较大、施工难度大、周边环境复杂的城市地下工程，在初步构建施工安全技术预警指标体系的基础上，还需通过调研、专家咨询、反复论证等研讨工作后，最终确立施工安全技术预警指标体系。

C 施工安全技术预警监测

施工安全技术预警监测应在现行标准规范、工程概况、水文地质及安全风险分析、确立预警指标体系的基础上，确定合理的监测方案，方案主要内容包括监测点布设、监测方法与监测频率。监测点的布设对于可通过观察获取数据的预警指标确定其观察区域或部位即可；对于需通过监测仪器获取数据的预警指标，其监测点的布设应确定各预警指标布设监测点的时间、位置与数量，施工安全技术预警指标监测点体系如图2-7所示。施工安全预警监测数据质量的高低、监测工作量的大小均取决于监测方案设计的合理性。

在施工安全技术预警指标现场动态监测的海量数据中，由于监测人员失误、

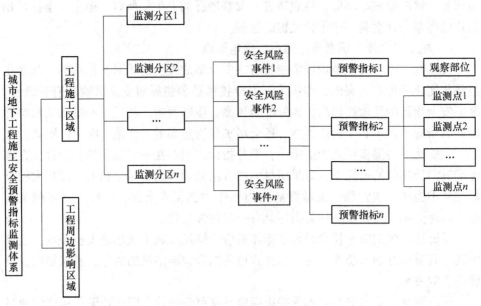

图 2-7　施工安全技术预警指标监测点体系

监测点受扰动、监测仪器误差或故障以及其他影响因素，均可能导致监测数据失真，若该数据用于警情预测、诊断，则极易产生错警、漏警情况的发生。因此，对海量数据应进行信息辨伪，可采用的方法有：多源信息分析印证、事理分析、后验性反证、不利性反证。例如，当预警指标发生较大波动时，可以留一定的观察期跟踪其变化，若预警指标数据在某一时刻落入危险区，但很快又恢复正常，且继续处于安全稳定的状态，则可推测存在数据失真的情况。

2.4.2.2　诊断报警模块

A　警情等级划分

若采用单级预警，则不需进行警级划分；若采用多级报警，应确定警情等级个数与颜色标识。警级的划分原则通常可遵循客观性原则、实用原则与奇数原则。结合现行标准规范与目前各行业警级的划分个数与颜色标识（见表 2-2），考虑到色谱排序、人们对不同颜色的潜在印象、警级数量的认知程度，地下工程施工安全预警警级宜划分为 3 级，即轻警、中警、重警，可分别用黄色、橙色、红色表示，此外，宜用绿色表示无警状态。其中，黄色等级表示施工现场存在较小的危险性，应予以重视并加强监测、巡查，施工活动与进度应根据实际适当调整；橙色等级表示施工现场存在较大的危险性，应通过警情原因分析采取一定的加固措施，施工活动与进度应根据警情预测结果减缓或停止，并加强监测、巡查；红色等级表示施工现场存在很大的危险性，施工活动与进度应立即停止，应通过专家会议综合判定警情原因并制定经论证可靠的控制措施。这里警级个数与颜色标识仅供参考，工程实际中可根据具体情况设定。

表 2-2 各领域风险等级颜色标识

序号	领域	正常状态	风险等级				
			一级	二级	三级	四级	五级
1	交通	绿色	黄色	红色			
2	气象		蓝色	黄色	橙色	红色	
3	地震		绿色	黄色	红色	紫色	
4	消防		绿色	蓝色	黄色	橙色	红色

B 阈值及预警区间确定

目前，施工安全技术预警大部分指标多采用双控的方式，即对预警指标的累计值与变化速率分别设定阈值；其余指标则采用单控，仅对其累计值设定阈值。

当采用单级预警时，则仅需确定警戒值即可，现行相关标准规范中称为监测报警值或监测项目控制值，当监测数值达到警戒值时，安全事故发生的可能性很大，必须立即进行危险报警并及时采取控制措施。工程自身安全风险的警戒值应结合标准规范、勘察设计文件、监测等级、施工经验与工程实际综合确定，可参考以下数值：（1）相关规定值：随着基坑工程、隧道工程设计和施工经验的积累和完善，国家及地方相应出台了一些规定值；（2）经验类比值：地下工程的施工经验十分重要，尤其是类似已建工程，其工程经验与相关参数，可作为确定基础；（3）设计预估值：地下工程在设计时，对结构的内力、变形及周围的水土压力等均做过详细的计算，警戒值确定可以计算结果作为设定基础，但是由于地质条件的复杂性以及工程的独特性，部分指标的设计计算或估算往往并不精确，甚至偏差较大，因此，该类指标的设计预估值可作为预警区间设定的参考依据，需通过工程实际反馈进行适当调整。周边邻近建（构）筑物安全风险的警戒值应根据其结构形式、变形特征、已有变形、正常使用条件及国家现行标准的规定，并结合环境对象的重要性、易损性及相关单位的要求进行确定。

当采用多级预警时，首先应确定最高警级阈值（警戒值）与最低警级阈值，警戒值确定方法同上述单级预警的确定方法，最低警级阈值一般取警戒值一定的百分比，该百分比取值可依据相关规范，也可结合工程实际综合确定。最低警级阈值设定过高，则可能出现漏警情形，无法对可能存在的危险发出正确的预报；过低，则会产生虚警，干扰正常施工。然后，确定中间各警级的阈值与预警区间，确定方法有：（1）等比例均分法，如：最低警级阈值为 a，警戒值为 b，警级个数为 3 个，则各警级对应的阈值分别为 a、$a+(b-a)/2$、b，对应的预警区间分别为 $[a,a+(b-a)/2)$、$[a+(b-a)/2,b)$、$[b,x)$，其中 x 表示预警状态与安全事故状态的临界点，仅作为符号表示，非具体数值；（2）指数函数法，是在等比例均分法的基础上，通过指数函数予以修正，是基于风险管理保守视角采用的方法，可采用公式 $a = \dfrac{\exp(t) - 1}{\exp(1) - 1}$，其中 t 为等比例均分的划分点，即前例中的 $a + (b - a)/2$，得到的 a 为调整后的区间划分点。

C 施工安全现状诊断

城市地下工程施工安全技术预警首先应明确施工现场的安全现状，应根据监测数据和巡视结果进行单一指标警情确定，然后依据安全事故与预警指标的关联关系，综合确定施工现场当前的安全事故。

其中，单指标警情的确定，大部分预警指标需综合考虑累计值与变化速率，剩余部分指标则仅考虑累计值。现行规范《北京市地铁工程监控量测技术规程》（DB11/T 490—2007）中给出了地铁工程双控指标警情等级的确定方法，如表2-3所示。现行基坑工程相关规范则均采用单级单值报警，即累计值与变化速率，两者之一达到监测报警值，则发出危险警报。

表 2-3　隧道工程施工安全预警等级划分

预警等级	预警状态
黄色预警	变形监测的绝对值和速率值双控指标均达到监测报警值的70%，或双控指标之一达到监测报警值的85%
橙色预警	变形监测的绝对值和速率值双控指标均达到监测报警值的85%，或双控指标之一达到监测报警值
红色预警	变形监测的绝对值和速率值双控指标均达到监测报警值

通过事理分析、专家访谈，认为预警指标警情的确定应综合考虑实际情况并对警情进行量化，应确定指标的警级与量化数值，这有助于安全管理决策者快速理解同一警情等级下不同的严重程度。通过分析认为宜首先对监测数据进行规范化处理，取监测数据与警戒值的比值为规范化后的数值。需要说明的是，考虑到重警状态的危急性，不再对其进行程度量化，即当计算比值大于等于1时，此时其规范化数值取1。然后对规范化后的数值进行警情等级判定，根据现行规范与工程实际调研，判定依据宜参考表2-4。

表 2-4　警情等级判定依据

颜色	绿色（无警）	黄色（轻警）	橙色（中警）	红色（重警）
区间	[0, 0.7)	[0.7, 0.85)	[0.85, 1)	1

监测数据规范化后，应确定预警指标的警情等级，对于单控型预警指标，其警级与量化数值可直接计算与判定。对于双控型预警指标，一般认为可通过累计值与速率的均值作为合成结果进行判定，但通过试算分析与专家访谈，采用均值

合成存在部分合成结果与事理不符的情况，还应考虑如下情况：

（1）累计值与速率存在一定的关联性，速率越大，累计值增长越快；累计值是预警指标现有状态的直接反映，速率为预警指标一段时间内的变化程度，所以在指标警情等级确定时，累计值相对更重要一些。

（2）当累计值为无警状态、速率为预警状态时，此时无论是取速率警级直接判定预警指标警级还是采用均值判定，合成结果均有失偏颇，针对此种情况应先加强监测但不予报警，直至累计值进入黄色预警状态后，方可进行结果合成，确定预警指标警级并报警。

（3）当速率为无警状态，累计值为预警状态时，此时考虑到累计值对现状的直观反映，应以累计值的警级作为预警指标的警级。

（4）当累计值达到橙色预警，速率达到红色预警时，指标累计值到达警戒值的时间则非常短，此种情况下指标警情等级宜确定为红色预警。

（5）当累计值为橙色预警，速率为黄色预警时，预警指标等级应为橙色预警，其量化结果应取累计值的数值，若此时取均值则可能出现判定结果为黄色预警，这与事理逻辑不相一致。

综上，对双控型预警指标，其警情等级与数值确定可参考表2-5确定。

表 2-5 双控型预警指标警情等级与数值确定

速率 ＼ 累计值	绿		黄		橙		红	
	数值	颜色	数值	颜色	数值	颜色	数值	颜色
绿	—	—	取累计值数值	黄	取累计值数值	橙	取累计值数值	红
黄	—	—	取均值	黄	取累计值数值	橙	1	红
橙	—	—	取均值	依数值判定	均值	橙	1	红
红	—	—	取均值	依数值判定	1	红	1	红

预警指标警情等级确定后，可依据安全事故与预警指标之间的关联关系、安全事故的特征、工程施工的具体情况，综合判断监控分区可能发生的警情，以便有针对性地进行原因排查并做好相应控制措施的准备工作。

施工过程中，还应注意当监测数据有突变现象且未有恢复迹象时，应进行信息辨伪，在认为数据为真后进行异常报警；当监测数据连续几天出现异常变化，虽未进入预警区间，应予以重视和关注，并结合其发展趋势与工程经验适时进行异常报警。

D 施工安全警情预测

施工安全警情的预测应以安全事故的发生规律、警兆变化规律、类似工程项目历史事故案例、本工程项目施工安全预警指标历史监测数据、数值模拟分析等为基础，首先运用信息挖掘、预测技术对施工现场安全状态的发展趋势进行预测，然后结合警情诊断技术明确未来的警情状况。通过施工安全警情预测结果与现有施工活动的综合分析，能够对采取下一步施工措施提供重要的决策依据，是预防安全事故发生的重要策略。

施工安全警情预测的方法中，较为传统的预测方法有回归分析模型、概率统计分析法，其原理与适用性见表 2-6。

表 2-6　施工安全警情传统预测方法

名称	原　　理	地下工程施工安全预警适用性
回归分析模型	通过确定自变量和因变量之间的映射关系来建立预测模型	对因素众多、非线性关系明显的地下工程建立映射关系，困难且不实际
概率统计分析法	认为对象服从一定的概率分布，可通过测量值分析，确定其概率分布函数	需要大量监测数据提取内在分布规律，但数据噪声较大时则很难分析

目前，多以数值分析或工程项目施工安全预警指标的历史监测数据为基础进行预测工作，较为主流的方法有反分析法、灰色系统理论、人工神经网络等。预测方法宜根据工程实际与方法适用性综合确定。

反分析法是以现场量测到的反映系统力学行为的某些物理信息量（如位移、应变、应力或荷载等）为基础，通过反演模型（系统的物理性质模型及其数学描述，如应力与应变关系式），反演推算得到该系统的各项或一些初始参数（如初始应力、本构模型参数、几何参数等）。其最终目的是建立一个更接近现场实测结果的理论预测模型，以便能较正确地反映或预测岩土结构的某些力学行为。根据现场量测信息的不同，岩土工程反分析可以分为应力反分析法、位移反分析法及应力（荷载）与位移的混合反分析法。由于位移特别是相对位移的测定和其他监测数据比较而言更容易获得，因此位移反分析法的应用最为广泛。

灰色预测理论将一些随机上下波动时间序列的离散数据序列进行累加生成有规律的数据序列，然后进行建模预测。该方法并不要求大量的原始数据，最少仅有 4 个以上的数据就可以建立灰色模型，且计算较为简单。灰色模型中的时序数列符合地下工程施工变形"时间-位移"预测的需要。但为保证预测精度，预测时间段一般不宜过长，应采用最新观测数据建模，每预测一步，参数尽量作一次修正，使预测模型不断优化、更新。

人工神经网络是根据人类大脑活动的相关理论，以及人类自身对大脑神经网络的认知与推理，进而模仿大脑神经网络的结构和功能所构建出的一种信息处理系统。这种信息处理系统以理论化的数学模型为基础，它的组成结构是大量的简单元件，由这些简单元件相互连接形成一个复杂的网络，具有高度非线性。BP神经网络是当前神经网络模型中最广泛应用的一种多层前馈型网络，其学习规则是最速下降法，采用的算法是误差逆向传播，即通过误差反向传播来对神经网络的权值、阈值进行不断地调整，从而达到网络误差平方和最小的目的。该方法预测结果在数值上与实测数据贴合度很高，避免了在地下工程中过于复杂且不准确的理论分析，但其模型训练学习需要大量的数据样本，收敛速度慢且易陷入局部最优等，影响了预测结果的精度和稳定性。如果工况发生突变等情况时，模型会因无法即时适应产生较大误差，此外预测过于依赖数值的统计学预测，无法反映力学关系等。

E 施工安全警报

当施工现场某安全事故已发生，通过诊断确定现状存在警情或通过预测确定短期内可能出现警情后，应立即向工程各参与主体发出警报，警报的内容有已发生的安全事故、警情的类型、级别、位置、时间、具体情况、发展速率、影响范围以及施工现场安全现状。警报的关键在于报告内容的全面准确与报告工作的快速高效。为保证施工安全警报工作的效率，应设有良好的信息综合平台与畅通的信息传递渠道。

2.4.2.3 警情决策模块

A 警情应对策略

当警报发出后，应立即根据警报内容、现有控制措施与工程施工经验，综合判断警情的可控程度，选择采取矫正控制措施或应急管理措施（见图2-8）。需要说明的是，警报应对策略采用矫正控制措施还是应急管理措施，不以安全事故的发生时点为依据，应以已发生安全风险事件警情的可控程度为主要依据，即当警情尚未成灾、可控度高时，则选择采用矫正控制措施；当已形成灾害或即将成灾、可控程度低时，则立即采用应急管理措施。警报是否可控一定程度上还取决于安全管理决策者对警报的综合认知能力与应对经验。

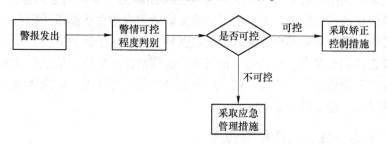

图2-8 警情应对策略

为快速准确地制定矫正控制措施或应急管理措施，应建立矫正控制预案库与应急措施预案库，二者可合称为警情对策库，对策库中除了有正确的对策外，还应基于失败学理论存有错误的对策，明确什么措施可采取、什么措施不可采取，需综合理性分析后进行决策。

B 矫正控制措施

矫正控制措施是针对诊断确定的警情通过矫正技术措施使其远离预警状态逐渐回归安全稳定的状态，或针对已发生的尚未成灾、可控度高的安全事故，通过控制技术措施阻止其继续发生发展并进入稳定状态。矫正控制措施包括预警阶段控制措施与安全风险事后控制措施。采取矫正控制措施后，还应进行持续跟踪，直至确定完全稳定后方可解除警报。同时，还应确保施工现场具有足够的资源配备保证矫正控制措施的顺利实施。

C 应急管理措施

应急管理措施是针对已经成灾的安全事故或不可避免、即将发生、灾害性强的警情采取的紧急应对措施。工程施工项目部应建立应急管理制度，成立应急管理组织机构，并建立应急响应机制，同时，对相关人员进行应急组织培训与周期模拟训练，还应确保施工现场具有足够的资源配备与实施条件保证应急管理措施的顺利实施，如截水堵漏的必要器材，抢险所需的钢材、水泥、草袋等，保证应急通道畅通。

应急组织管理机构的设置，应根据应急管理中协同指挥、信息平台、技术处理、监测要求、物资配备、现场保卫、秩序组织、抢险救援、医疗救护等功能建立相应的指挥部、工作组，并清晰明确各组的职责，保证应急工作的快速高效。

应急管理工作主要包括启动应急响应机制；应急汇报和社会通告；人员、机械等紧急撤离；灾害减缓、隔离、避灾等应急决策；现场紧急封闭与保护；协同抢险救援工作；周边社会支援协同配合；灾后恢复等。

2.4.2.4 信息管理模块

施工安全预警功能是预警监测、诊断报警、警情决策模块的有机协同共同实现的，而模块之间的有机协同工作则有赖于各模块工作相关信息的存储、传递。预警监测模块的监测数据、工程项目的施工记录均应建立数据库予以存储；诊断报警、警情决策功能的实现除提取监测数据外，还需基于事故案例及致因机理数据库、矫正控制预案库、应急管理预案库，这些数据库均应由信息管理模块统一管理。为实现警情预报、矫正控制、应急管理工作的高效性，信息管理模块还应具有警情发布、应急通告的功能。

2.5 施工安全预警系统构建程序

2.5.1 施工安全预警系统构建原则

2.5.1.1 科学性

施工安全预警涉及学科较多，安全问题较为复杂，所以在系统构建时应基于定性与定量结合的思路进行充分的问题剖析、理论辨析、技术分析、成本分析、运行协调性分析等研究论证工作，这需要其各项构建工作具有科学合理性，方能保证施工安全预警系统的功能得以良好的实现。城市地下工程施工安全预警系统应依据现行标准规范、现有技术手段、已有研究成果、实际工程应用进行构建。

2.5.1.2 系统性

施工安全预警系统的工作各有功能侧重，但整个系统功能的实现则有赖于各项工作的协调紧密配合，各项工作与工作之间的衔接需要统筹兼顾的理念进行设计，良好的系统性将直接获得更好的管理效率与预警效果。

2.5.1.3 可操作性

可操作性强的工作有利于发挥人的主观能动性与工作效率，从而可整体提升施工安全预警系统的实用性与运行效率，也有利于其推广和应用。因此，施工安全预警系统的构建，应充分考虑各项工作的可操作性，应有具体翔实的操作方案与相应的资源清单，而非宏观片面的理念描述。

2.5.1.4 信息化

结合城市地下工程的施工特点与安全事故致因机理，施工安全预警系统的功能实现要求其具有协同性与高效性，而影响高效性最主要的因素则是施工安全预警系统的信息化，现代信息技术大幅度提升了信息存储、传递、处理、分析、可视化的能力，为施工安全预警系统的高效运行提供了强有力的技术支撑。

2.5.1.5 可靠性

施工安全预警系统应具有良好的稳定可靠性，主要包括动态监测、预测诊断、警情决策、信息化等技术的可靠性，各项工作可靠性的保证则能够防止系统无法正常工作、输出结果错误、受突发状况影响失效的问题。

2.5.1.6 经济性

由于不同城市地下工程的规模、施工难度、施工条件及工况均不一致，且并非所有的工程均应采用同样的预警技术与设备，所以施工安全预警系统在构建时，应在确保实现安全预警功能的基础上，从经济性角度选择适用的人力、方法、仪器、设备等。

2.5.1.7 创新性

施工安全预警系统的目的是防止安全事故的发生，在大量工程实践下虽然已积累较为丰富的相关经验，但在工程发展、工艺发展、施工环境不断变化的过程中，还会出现新的安全风险、安全影响因素导致新的事故发生，同时，各涉及学科的理论与技术也在不断发展，因此，施工安全预警系统应具有良好的创新性与更新机制，以确保其功能与时俱进，具有连续的适用性。

2.5.2 施工安全预警系统构建步序

城市地下工程施工安全预警系统的构建，首先应基于以往安全事故致因机理，对预警对象进行安全风险分析，尽可能全面地确定可能存在的安全风险，明确施工过程中安全风险管控的重点，并预先制定相应的预防措施；然后分别建立施工安全管理预警系统与施工安全技术预警系统。

施工安全管理预警系统的构建步序为：（1）建立施工安全管理水平综合评价模块，主要工作包括构建施工安全管理水平综合评价指标体系、确定评价指标权重、界定评价等级、确定施工安全管理预警区间、确定评价及改进方法、制定评价工作的相关规定等；（2）建立施工过程危险源管控模块，主要工作包括针对管理类安全事故编制危险源检查清单、制定危险源检查制度、确定危险源处理办法。

施工安全技术预警系统的构建步序为：（1）建立指标监测模块，主要工作有依据现行标准规范，针对技术类安全事故，确定监测范围与监控分区；建立与之相应的施工安全技术预警指标体系；确定监测方案（监测方法、仪器、监测点布设、监测频率等）。（2）建立诊断报警模块，主要工作有确定预警等级；依据规范与工程实际确定预警指标的预警阀值及区间；确定施工现场安全现状的诊断方法；确定施工安全警情预测方法；建立施工安全警报机制。（3）建立警情决策模块，主要工作是建立警情决策机制，包括警情原因甄别、警情对策制定与论证、警情对策实施与跟踪。（4）建立信息管理模块，主要工作有建立事故致因机理数据库；事故案例数据库；监测相关信息数据库；分析结果数据库；矫正控制措施预案库、应急管理措施预案库；建立信息发布平台；建立综合管理系统。

2.6　地下工程监测方法与监测仪器

2.6.1　地下工程监测方法

2.6.1.1　水平位移监测

基坑内的支撑架设、浇筑混凝土前开挖土体引起的变形和支撑杆件受压使基坑内围护结构（如围护桩或地下墙）发生水平位移，围护结构过大的水平位移会影响基坑内主体结构的施工空间和周围环境的安全，围护结构顶部水平位移是围护结构变形直观的体现，所以围护结构顶部水平位移的监测成为基坑工程监测工作中的重要项目。必要时监测地下工程邻近建（构）筑物、管线、道路、土体等周围环境的水平位移，以确保周围环境安全。

测定特定方向上的水平位移时，可采用视准线法、小角度法、投点法等；测定监测点任意方向的水平位移时，可视监测点的分布情况，采用前方交会法、后方交会法、极坐标法等；当测点与基准点无法通视或距离较远时，可采用 GPS测量法或三角、三边、边角测量与基准线法相结合的综合测量方法。

A 视准线法

在与建（构）筑物水平位移方向相垂直的方向上设立两个基准点，构成一条基准线，基准线一般通过或靠近被监测的建（构）筑物。在建（构）筑物上设立若干变形观测点，使其大致位于基准线上。如图 2-9 所示，A、B 为基准点，M_1、M_2、M_3 为变形点，用测距仪测定基准点至各变形点的距离。变形观测时，在基准点 A、B 上分别安置经纬仪和觇牌，经纬仪瞄准觇牌构成视准线，再瞄准横放于变形点上的尺子，读取变形点偏离视准线的距离（偏距）。从历次观测的偏距差中，可以计算水平位移的数值。

B 小角度法

更精确的方法为用多测回观测变形点偏离视准线的小角度 β_i，按小角度和测站至变形点的距离 D_i 计算偏距 Δ_i。因此，这种观测水平位移的视准线法又称为小角度法（见图 2-9）。

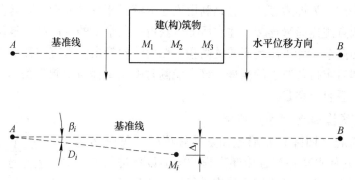

图 2-9 视准线、小角度法水平位移观测

C 前方交会法

在测定大型工程建筑的水平位移时，可利用变形影响范围以外的控制点用前方交会法进行。

如图 2-10 所示，A、B 点为相互通视的控制点，P 为建筑上的位移观测点。

仪器安置在 A 点，后视 B 点，前视 P 点，测得 $\angle BAP$ 的外角，$\alpha = 360° - \alpha_i$；然后，仪器安置在 B 点，后视 A 点，前视 P，测得 β，通过内业计算求得 P 点坐标。

当 α、β 角值变化而 P 点坐标亦随之变化，再根据式 (2-1) 计算其位移量。

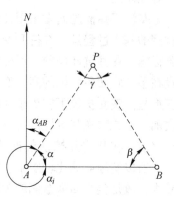

图 2-10 前方交会示意图

$$\delta = \sqrt{(x_2 - x_1)^2 + (y_2 - y_1)^2} \tag{2-1}$$

2.6.1.2 竖向位移监测

沉降监测是地下工程最主要的监测项目，基坑开挖、浅埋隧道开挖、盾构施工隧道工程均需要进行地表竖向位移监测。

竖向位移监测可采用几何水准或液体静力水准等方法。

A 几何水准测量法

监测建筑物竖向位移就是在不受建筑物变形影响的部位设置水准基点或起测基点，并在建筑物上布设适当的垂直位移标点。然后定期根据水准基点或起测基点用水准测量测定垂直位移标点处的高程变化，经计算求得该点的垂直位移值。垂直位移监测网可布设成闭合水准路线或附和水准路线，等级可划分为一等、二等。在高边坡、滑坡体处进行几何水准测量有困难时，可用全站仪测定三角高程的方法进行监测。

B 液体静力水准测量法

该方法亦称为连通管法，它是利用连通管液压相等的原理，将起测基点和各垂直位移测点用连通管连接，注水后即可获得一条水平的水面线，量出水面线与起测基点的高差，计算出水面线的高程，然后依次量出各垂直位移测点与水面线的高差，即可求得各测点的高程。该次观测时测点高程与初测高程的差值即为该测点的累计垂直位移量。

C 坑底隆起（回弹）监测

坑底隆起（回弹）宜通过设置回弹测标（见图 2-11），采用几何水准并配合传递高程的辅助设备进行监测，传递高程的金属杆或钢尺等应进行温度、尺长和拉力等项修正。

基坑回弹监测通常采用几何水准测量法。基坑回弹监测的基本过程是，在待开挖的基坑中预先埋设回弹监测标志，在基坑开挖前、后分别进行水准测量，测出布设在基坑底面各测标的高差变化，从而得出回弹标志的变形量。观测次数不应少于 3 次：即第一次在基坑开挖之前；第二次在基坑挖好之后；第三次在浇筑基础混凝土之前。在基坑开挖前的回弹监测，由于测点深埋地下，所以实施监测比较复杂，因其对最终成果精度影响较大，故是整个回弹监测的关键。基坑开挖前的回弹监测方法通常有辅助杆法（适用于较浅基坑）和钢尺法。钢尺法又可分为钢尺悬吊挂钩法（简称挂钩法），一般适用于中等深度基坑（见图 2-12）；钢尺配挂电磁锤法或电磁探头法，适用于较深基坑。

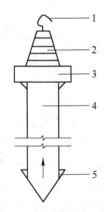

图 2-11 回弹测标示意图
1—挂钩（或做成圆帽顶）；
2—标顶（反扣螺丝）；
3—标盘；4—标身；5—翼片

2.6.1.3 深层水平位移监测

地下工程施工引起的地表沉降，大多是由于打桩、围岩注浆、地基开挖、隧道塌方等深层土体位移造成的。而地表沉降滞后于深层土体位移，因此，及时掌握深层土体位移，进行深层土体位移监测，及时掌握深层土体位移对保证地下工程施工和周围环境安全具有重要的作用。深层土体位移监测有深层水平位移监测和深层竖向位移监测，深层竖向位移监测详见 2.6.1.11 节。

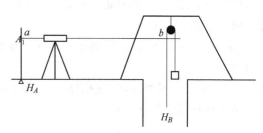

图 2-12 开挖前回弹观测工作示意
a—水准尺读数；b—钢尺读数；
H_A—已知高程；H_B—待测高程

围护墙或土体深层水平位移的监测宜采用在墙体或土体中预埋测斜管、通过测斜仪观测各深度处水平位移的方法。测斜管的安装示意图如图 2-13 所示，某测斜管监测结果示意图见图 2-14，通过图示可直接得出水平位移随时间的偏移量及随深度偏移量的变化。

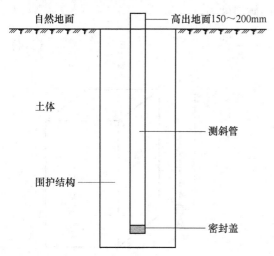

图 2-13 测斜管安装示意图

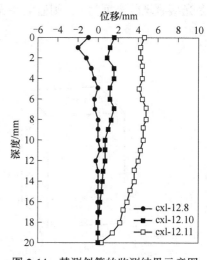

图 2-14 某测斜管的监测结果示意图

2.6.1.4 倾斜监测

邻近建筑倾斜观测应根据现场观测条件和要求，选用投点法、前方交会法、激光铅直仪法、垂吊法、倾斜仪法和差异沉降法等。

A 投点法

测量建筑的倾斜度如图 2-15 所示，步骤如下：

（1）确定屋顶明显 A' 点，先用长钢尺测得楼房的高度 h；

（2）在点 A' 所在的两墙面底 BA、DA 延长线上，距离房子大约 $1.5h$ 远的地方，分别定点 M、N；

（3）在点 M、N 上分别架设全站仪，照准点 A'，将其投影到水平面上，设其为 A''；

（4）测量 A'' 到墙角点 A 的距离 k 及在 BA、DA 延长线的位移分量 Δ_x、Δ_y。

由此可计算出倾斜方向

$$\alpha = \arctan \frac{\Delta_y}{\Delta_x} \tag{2-2}$$

倾斜度

$$i = \frac{k}{h} \tag{2-3}$$

B 激光铅直仪法

在欲进行倾斜监测建筑物的外侧架设激光准直仪，如图 2-16 所示，设其距墙面 d_0。通过激光准直仪向上，或向下发射一条激光准直直线，在观测点处设置接收靶，量取接收靶上激光点到墙面的水平距离 d_1，通过钢尺量取激光准直仪到激光接收靶的高度为 h，则监测墙面的倾斜度为：

$$i = \frac{d_1 - d_0}{h} \tag{2-4}$$

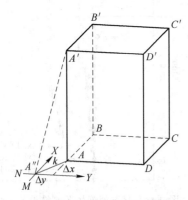

图 2-15 投影法倾斜监测图

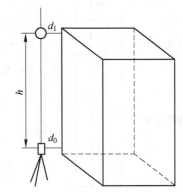

图 2-16 激光铅直仪倾斜监测

C 前方交会法

邻近烟囱等塔式建筑物，倾斜监测尤为重要，常采用前方交会法进行倾斜监测，如图 2-17 所示。其步骤如下：

（1）在距离烟囱高 1.5 倍以远距离处设定工作基点 A、B。

（2）在 A 点架设经纬仪，量取仪高 i，瞄准烟囱底部一侧的切点，读取方向值和天顶距；再瞄准烟囱底部另一侧的切点，读取方向值和天顶距，两方向值的平均数即为烟囱底部中心的方向值；从而可以测得 A 点到烟囱底部中心和到 B 点的方向线夹角 α_1 和仪器瞄准底部一侧切点时视线的天顶距 z_1；采取同样的方法，测得 A 点到烟囱顶部中心和到 B 点的方向线夹角 α_2 和仪器瞄准顶部一侧切点时视线的天顶距 z_2。

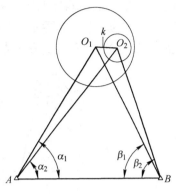

图 2-17 前方交会法

（3）在 B 点架设经纬仪，采取步骤（2）的同样方法，测得图 2-17 中的 β_1、β_2，在 B 点的观测，应保证和在 A 点的观测所切的切点同高。

（4）利用前方交会法，求得烟囱底部中心 $O_1(x_1、y_1)$、烟囱顶部中心 $O_2(x_2、y_2)$。

（5）计算烟囱偏移量：

x 方向偏移量：$\Delta x = x_2 - x_1$

y 方向偏移量：$\Delta y = y_2 - y_1$

$$倾斜量：k = \sqrt{\Delta x^2 + \Delta y^2} \tag{2-5}$$

（6）利用计算得到的烟囱底部中心 O_1 坐标、基点 A 的坐标、仪器高 i 及在 A 点观测时仪器瞄准顶部一侧切点时视线的天顶距 z_2，可计算烟囱高度 h，则烟囱倾斜度为：

$$i = \frac{k}{h} \tag{2-6}$$

烟囱的倾斜方位可由烟囱底部中心 O_1、烟囱顶部中心 O_2 的坐标，按坐标反算公式算得。

2.6.1.5 裂缝监测

裂缝监测应监测裂缝的位置、走向、长度、宽度，必要时还应监测裂缝深度。

A 裂缝宽度监测

裂缝宽度监测宜在裂缝两侧贴埋标志，用千分尺或游标卡尺等直接量测，也可用裂缝计、粘贴安装千分表量测或摄影量测等。

监测裂缝时，根据裂缝分布情况选择其代表性的位置，在裂缝两侧设置监测标志，如图 2-18（a）所示。对于较大的裂缝，应在裂缝最宽处及裂缝末端各布设一对监测标志，两侧标志的连线与裂缝走向大致垂直，用直尺、游标卡尺或其他量具定期测量两侧标志间的距离，同时测量建（构）筑物表面上裂缝的长度并记录测量日期。标志间距的增量代表裂缝宽度的增量。如图 2-18（b）所示，在裂缝两侧设置金属片标志，在标志上画一条竖线，若竖线错开，则表明裂缝在扩大。

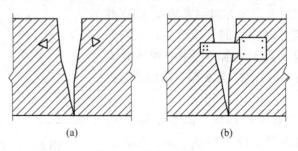

图 2-18　裂缝监测标志
(a) 裂缝监测标志示意图；(b) 裂缝两侧设置金属片标志

对于宽度不大的细长裂缝，也可以在裂缝处画一条跨越且垂直于裂缝的横线，定期直接在横线处测量裂缝的宽度。还可以在裂缝及两侧抹一层长约 20cm、宽度为 4~5cm 的石膏进行定期监测，如果石膏开裂，则表示裂缝在继续扩大。

B　裂缝长度监测

裂缝长度监测宜采用直接量测法，采用直尺（卷尺）进行测量。

C　裂缝深度监测

裂缝深度监测宜采用凿出法、超声波法等。

凿出法就是预先准备易于渗入裂缝的彩色溶液如墨水等，灌入细小裂缝中，若裂缝走向是垂直的，可用针筒打入，待其干燥或用电吹风加热吹干后，从裂缝的一侧将混凝土渐渐凿除，露出裂缝另一侧，观察是否留有溶液痕迹（颜色）以判断裂缝的深度。

超声波法常用裂缝测深仪进行监测，该仪器采用超声波衍射（绕射）原理的单面平测法，对混凝土结构裂缝深度进行监测。仪器有自动测试和手动测试两种方法，手动测试方法操作简单，容易掌握，是常用的测试方法。

自动检测方法分 3 步完成裂缝深度的测试工作：

第一步：不跨缝测试，得到构件的平测声速。

该步要求在构件的完好处（平整平面内，无裂缝）测量一组特定测距的数据，并记录每个测距下的声参量，通过该组测距及对应的声参量，计算出超声波在该构件下的传输速度。

如图 2-19（a）所示，在构件的完好处分别测量测距为 L_0、L_1、L_2，以及 L_3 等时的声参量，计算出被测构件混凝土的波速。

条件允许时，尽量进行不跨缝数据测试，以获得准确的声速和修正值。当不具备不跨缝测试条件时，可以直接输入声速。需要指出的是，声速是对应于构件而非裂缝，无需在测量每个裂缝时都测量声速，在同一个构件下，只测量一次声速即可。

第二步：跨缝测试，得到一组测距及相应的声参量。

图2-19（b）所示为跨缝测试示意图，测量一组与测距 L_0、L_1、L_2 等相对应的超声波在混凝土中的声参量，为第三步的计算准备数据。该组测距在测量前设定，可用初始测距 L_0 累加测距调整量 ΔL 来得到。

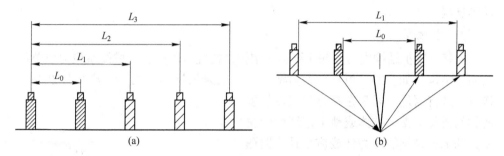

图2-19 裂缝测深仪自动测试示意图

（a）不跨缝测试；（b）跨缝测试

第三步：计算裂缝深度。

手动检测方法根据波形相位发生变化时测距和裂缝深度之间的关系而得到缝深。其首要目的就是寻找波形相位变化点，如图2-20所示，从（a）到（b）再到（c）缓慢移动换能器的过程中就会出现波形相位变化的现象。移动过程中只要发现波形相位发生跳变（见图（b）），立即停止移动，记录当前的位置并输入到仪器，即可得到缝深。

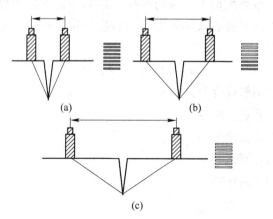

图2-20 裂缝测深仪手动测试示意图

（a）测距较小；（b）临界点附近；（c）测距较大

2.6.1.6   支护结构内力监测

支护结构失效、支护结构发生的结构性破坏后，土体过大变形对施工现场、施工周边环境会产生严重的安全影响，因此需根据工程实际情况，进行支护结构内力监测，可以避免支护结构因内力超过极限强度而引起支护结构局部甚至整体的失效。

支护结构内力可采用安装在结构内部或表面的应变计或应力计进行量测。混凝土构件可采用钢筋应力计或混凝土应变计等量测；钢构件可采用轴力计或应变计等量测。

A   基本原理

深基坑支护结构内力监测主要包括围护结构应力监测、支撑体系应力监测以及主体结构（如：梁、板）内力监测等，一般采用钢筋应力计、应变计及频率接收仪进行测量，通常在具有代表性位置的钢筋混凝土支护桩体或地下连续墙的主受力筋上布设钢筋应力计或应变计，监测支护结构在基坑开挖和降水过程中应力变化，从而反映支护结构基本的受力状态；其基本原理利用钢弦式钢筋计或混凝土应变计自振频率的变化反应钢筋或混凝土所受拉压应力的大小，以求得钢筋混凝土构件受力情况。常用内力监测仪器如图 2-21 所示。

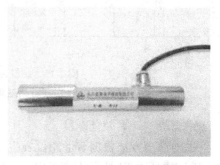

图 2-21   钢弦式应力计

该应力计一般布置在基坑支护结构迎土面和背土面各一组，在钢筋混凝土支撑上一般布置在四角处主筋上，采用焊接（钢筋计要求采用焊接）或绑扎的方式。测量时，采用频率接收仪测得钢筋计自振频率，通过计算可得出钢筋计应力，其计算公式为：

$$\sigma_s = K_0(f_1^2 - f_0^2)/S \tag{2-7}$$

式中　σ_s——实测钢筋计应力，MPa；

K_0——标定系数，N/Hz^2；

f_0——应力计初始频率，Hz；

f_1——应力计测试频率，Hz；

S——应力计截面积，mm^2。

B   围护桩（墙）内力监测

围护结构内力监测断面一般选在结构中出现弯矩极值的部位，在平面上，可选择围护结构位于两支撑的跨中位置、开挖深度较大以及水土压力或地面超载较大的地方；在立面上，可选在支撑处和每层支撑的中间，此处往往发生极大负弯矩和极大正弯矩。另外，沿深度方向宜在地连墙迎土面和背土面相同深度处成组布置，以监测该截面内外两侧钢筋受力状况。

基坑围护结构在外力作用下沿深度方向的弯矩为：

$$M = \frac{1000h}{t}\left(1 + \frac{tE_c}{6E_sA_s}h\right)\frac{\bar{p}_1 - \bar{p}_2}{2} \tag{2-8}$$

式中 E_c、E_s——混凝土和钢筋的弹性模量，MPa；

        A_s——钢筋的面积，mm^2；

        h——地下连续墙厚度；

        t——受力主筋间距；

  $\bar{p}_1$、$\bar{p}_2$——混凝土结构两对边受力主筋实测拉压力平均值。

C   支撑结构内力监测

深基坑支撑结构主要有钢支撑和钢筋混凝土支撑以及钢格构柱竖向支撑等，一般对于钢支撑可在端头安装轴力计（串联）直接通过轴力计量测出钢支撑所受轴力大小，格构柱内力通过在结构表面焊接钢弦式表面应变计，用频率计或应变仪测读，根据构件截面积和平均应变计算得出。

钢筋混凝土支撑构件在施工过程中主要承受轴向压力，并且随支撑下方土体开挖而逐渐增大，土体开挖完成后逐渐稳定，利用钢筋混凝土构件在受力过程中钢筋与混凝土协调变形原理，根据所测钢筋计应力求得钢筋混凝土支撑轴力为：

$$N = \varepsilon(A_cE_c + A_sE_s) = \frac{\sigma_s}{E_s}(A_cE_c + A_sE_s) \tag{2-9}$$

支撑所承受实测弯矩为：

$$M = \frac{1}{2}(\bar{p}_1 - \bar{p}_2)\left(n + \frac{bhE_c}{6E_sA_s}\right)h \tag{2-10}$$

式中 σ_s——实测钢筋计应力，MPa；

  E_c、E_s——混凝土和钢筋的弹性模量，MPa；

      A_s——混凝土和钢筋的面积，mm^2；

      ε——混凝土和钢筋的微应变；

  $\bar{p}_1$、$\bar{p}_2$——混凝土结构两对边受力主筋实测拉压力平均值；

      n——埋设钢筋计的那一层钢筋的受力主筋总根数；

      b——支撑宽度；

      h——支撑高度。

2.6.1.7   土压力监测

土压力宜采用土压力计量测。土压力仪又称土压力盒，同钢筋计一样，亦分为振弦式和电阻应变式两种，接收仪分别是频率仪和电阻应变仪。构造和工作原理与钢筋计基本相同，图 2-22 所示为应变式土压力仪。但不同的是，土压力仪的一侧有一个与土相接触的面，该面受力时引起钢弦振动或应变片变形，由这种变化即可测出土压力的大小。接触面敏感程度较高，可感应土压力的细小变化。用数显频率仪测读、记录土压力计频率即可。

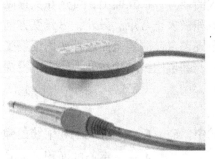

图 2-22　应变式土压力仪

A　土压力盒的埋设方法

　　土压力传感器在围护结构迎土面上的安装是现场监测中的难题，压力盒通常会遭到不同程度的损害和破坏，无法获得可靠的数据。造成埋设失败的原因较多，例如在地下墙、钻孔灌注桩等围护结构施工时，都是先成槽或成孔，然后在泥浆护壁情况下设置钢筋笼并浇注水下混凝土；而土压力传感器随钢筋笼下入槽孔，所以其面向土层的表面钢膜很容易被混凝土材料包裹，混凝土凝固后，水土压力很难被压力传感器感应和接收，造成埋设失败。目前，工程实践中较为常用的埋设方法及特点见表 2-7。

表 2-7　压力传感器埋设方法

序号	埋设方法	特　　点
1	挂布法	方法可靠，埋设元件成活率高。缺点在于所需材料和工作量大，由于大面积铺设很可能改变量测槽段或桩体的摩擦效应，影响结构受力。此法更适用于地下连续墙施工的监测
2	顶入法	顶入法操作简便，效果理想，但需将千斤顶埋入桩墙，加上气、液压驱动管道，投入成本较高
3	弹入法	压力盒具有较高的成活率，基本上未出现钢膜被砂浆包裹的情况。 弹入法的关键在于必须保证弹入装置具备足够的量程，保证压力盒抵达槽壁土层，同时需与地墙施工单位密切配合，在限位插销拔除诸方面做到万无一失
4	插入法	此法用于入土深度不大的柔性挡土支护结构
5	钻孔法	测读到的主动土压力值偏大，被动土压力值偏小。因此在成果资料整理时应予以注意。 钻孔法埋设测试元件工程适应性强，特别适用于预制打入式排桩结构
6	埋置法	基底反力或地下室侧墙的回填土压力可用埋置法。所测数据与围护墙上实际作用的土压力有一定差别

B　测试数据处理

土压力计算式如下：

$$p = k(f_i^2 - f_0^2) \tag{2-11}$$

式中　p——土压力，kPa；

k——标定系数，kPa/Hz^2；

f_i——测定频率；

f_0——初始频率。

2.6.1.8　孔隙水压力监测

土体运动的前兆是孔隙水压力，如隧道开挖引起的地表沉降、基坑变形等都与孔隙水压力变化有着密切的关系。因此，必要时进行孔隙水压力监测，可以为基坑开挖、隧道掘进提供依据，确保施工安全。

图 2-23　钢弦式孔隙水压力计

孔隙水压力宜通过埋设钢弦式或应变式等孔隙水压力计测试，钢弦式孔隙水压力计如图 2-23 所示。

孔隙水压力的观测点的布置一般原则是将多个仪器分别埋于不同观测点的不同深度处，形成一个观测剖面以观测孔隙水压力的空间分布。

埋设仪器可采用钻孔法或压入法，以钻孔法为主，压入法只适用于软土层。用钻孔法时，先于孔底填少量砂，置入测头之后再在其周围和上部填砂，最后用膨胀黏土球将钻孔全部严密封好。由于两种方法都不可避免地会改变土体中应力和孔隙水压力的平衡条件，需要一定时间才能使这种改变恢复到原来状态，所以应提前埋设仪器。

观测时，测点的孔隙水压力按下式求出：

$$u = \gamma_w h + p \tag{2-12}$$

式中　γ_w——水的重度；

h——观测点与测压计基准面之间的高差；

p——测压计读数。

2.6.1.9　地下水位监测

地下水位监测宜通过孔内设置水位管，采用水位计进行量测（见图 2-24）。

地下水位监测主要是用来观测地下水位及其变化，通过测量基坑内、外地下水位在基坑降水和基坑开挖过程中的变化情况，了解其对周边环境的影响。基坑外地下水水位监测包括潜水水位和承压水水位监测。

A　水位管安装、埋设

水位管埋设方法：用钻机成孔至要求深度

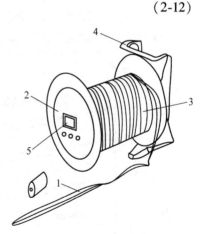

图 2-24　电测水位计结构示意图

1—测头；2—绕线盘；3—电缆；

4—支架；5—电压表

后清孔，然后在孔内放入管底加盖的水位管，水位管与孔壁间用干净细砂填实至离地表约 0.5m 处，再用黏土封填，以防地表水流入。水位管应高出地面约 200mm，孔口用盖子盖好，并做好观测井的保护装置，防止地表水进入孔内。

承压水水位管埋设尚应注意水位管的滤管段必须设置在承压水土层中，并且被测含水层与其他含水层间应采取有效隔水措施，一般用膨润土球封至孔口。

B 监测数据与分析

水位管埋设后，应逐日连续量测水位并取得稳定初始值，监测值精度为 ±10mm。特别需要注意的是，初值的测定宜在开工前 2~3d 进行，遇雨天，应在雨后 1~2d 测定，以减少外界因素影响。根据监测数据可绘制水位变化时程曲线。

实践表明，水位孔用于渗透系数大于 10^{-4} cm/s 的土层中，效果良好，用于渗透系数在 10^{-4}~10^{-6} cm/s 之间的土层中，要考虑滞后效应的作用。用于渗透系数小于 10^{-6} cm/s 的土层中，其数据仅可作参考。

2.6.1.10 锚杆及土钉内力监测

锚杆及土钉内力监测的目的是掌握锚杆或土钉内力的变化，确认其工作性能。

（1）锚杆和土钉的内力监测宜采用专用测力计、钢筋应力计或应变计，当使用钢筋束时宜监测每根钢筋的受力。杆体内力监测常用锚杆应力计（见图 2-25）。

（2）锚杆受力状态的长期监测宜采用振弦式测力计。锚杆的预应力值可用下列方法观测：

1）在锚杆中埋设测力传感器测定；

2）在锚具中设置油压型测力传感器进行顶升试验测定；

3）通过千斤顶进行顶升试验测定。

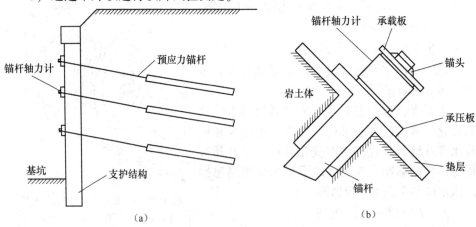

（a）　　　　　　　　　　　　　　（b）

图 2-25　锚杆应力计安装示意图

2.6.1.11 土体分层竖向位移监测

土体分层竖向位移可通过埋设磁环式分层沉降标，采用分层沉降仪进行量测；或者通过埋设深层沉降标，采用水准测量方法进行量测。

2.6.1.12 隧道收敛监测

隧道收敛监测的目的是通过监测发现隧道中心的变化，为隧道安全施工和后期使用提供可靠的数据。

常用的监测仪器为收敛计，一般精度要求 0.06mm。对隧道进行收敛监测，必须在隧道施工时进行测点埋设。

安装测点时，在被测结构面用凿岩机或人工方法钻孔径为 40～80mm 深 20mm 的孔，在孔中填塞水泥砂浆后插入收敛预埋件，尽量使两预埋件轴线在基线方向上并使销孔轴线处于垂直位置，上好保护帽，待砂浆凝固后即可进行量测。收敛预埋件形状如图 2-26 所示。

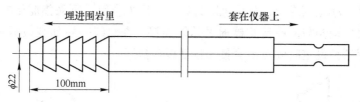

图 2-26 收敛预埋件示意图

每次观测结束后，都要进行收敛值计算。初次量测在钢尺上选择一个适当孔位，将钢尺套在尺架的固定螺杆上。孔位应选择在能使钢尺张紧时与百分表（或数显表）顶端接触且读数在 0～25mm 的范围内。拧紧钢尺，压紧螺帽，并记下钢尺孔位读数。再次量测，按前次钢尺孔位，将钢尺固定在支架的螺杆上，按上述相同程序操作，测得观测值 R_n。按下式计算净空变化值：

$$U_n = R_n - R_{n-1} \tag{2-13}$$

式中　U_n——第 n 次量测的净空变形值；

　　　R_n——第 n 次量测时的观测值；

　　　R_{n-1}——第 $n-1$ 次量测时的观测值。

计算完成后，对数据进行分析处理。首先做出时间-位移及距离-位移散点图，对各量测断面内的测线进行回归分析，并用收敛量测结果判断隧道的稳定性，如果收敛值过大，应改善周围岩体或土体的稳定性，改变开挖方法或改变凿岩爆破参数及一次爆破的规模，尽量减小开挖对周围岩（土）体的扰动；加强支护；或采取以上几种方法进行综合处理，以确保其收敛值在规范允许的范围内。

2.6.1.13 远程无线监测

远程无线监测系统由终端设备、基站和互联网、数据采集处理中心和客户端

4 部分组成，终端设备主要由前端传感器、无线传输模块及自动采集箱组成。前端传感器、自动采集箱和供电设备组成现场数据自动采集系统，通过无线传输模块接入 Internet 无线公网，与接入 Internet 网进行监控的上位计算机进行通信，再通过计算机采集软件，实现对现场自动采集系统的远程控制、设置和实时数据采集，如图 2-27 所示。

远程无线监测的设备主要有数据采集设备、数据收集发送设备、数据分析软件和传感器。数据采集设备可控制传感器按指定的时间自动进行测量，并在传感器中保存数据。需要数据时，主机与数据采集设备相连即可获得；无线传输模块与自动采集设备配合，在移动网络覆盖的地方，利用 GPRS 方式进行采集控制和数据传输，实现数据的传输与控制。并可在接入 Internet 公网的计算机上进行实时数据采集和远程监控；数据采集软件可对设定的某一时间段传感器保存的数据进行查询，可实时监控或自动采集，并可进行报警设置；前端传感器包括位移计、应变计、单点沉降计、分层沉降计以及土压力盒等，可采集需要的数据，并将数据采集处理器与前端传感器通过总线连接，在总线一端加装数据采集设备，可控制传感器按设定时间自动测量和自动保存数据。

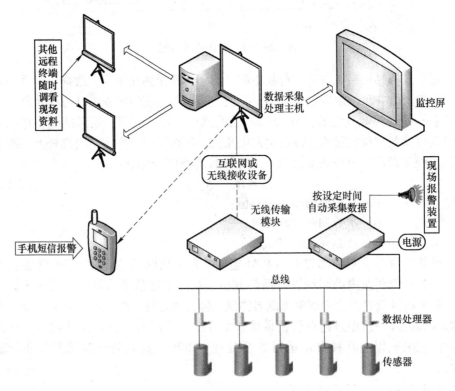

图 2-27　远程无线监测系统

2.6.2 地下工程监测仪器

在地下工程施工监测中，需要监测的物理量有位移、应力、应变等。在实际工作中，可根据监测项目和精度，按照经济、安全、适用和耐久等原则来选择合适的监测仪器，如表2-8所示。

表 2-8　监测仪器

序号	仪器	实　图	适　用　范　围
1	水准仪		(1) 浅埋地面和基坑围护结构及支撑立柱的沉降； (2) 地表管线的沉降； (3) 周围建筑物、构筑物及周围地表沉降； (4) 分层沉降管管口的沉降
2	经纬仪		(1) 浅埋地表和基坑围护结构及支撑系统的水平位移； (2) 道路、管线的水平位移； (3) 地下工程施工引起的周围建筑物的水平位移和倾斜； (4) 测斜管管口的水平位移
3	多点位移计		多点位移计（位移计组 3~6 支）适用于长期埋设在水工结构物或土坝、土堤、边坡、隧道等结构物内，测量结构物深层多部位的位移、沉降、应变、滑移等，可兼测钻孔位置的温度
4	测斜仪		(1) 有效且精确地测量土体内部水平位移或变形； (2) 测临时或永久性地下结构（如桩、连续墙、沉井等）的水平位移； (3) 通过变化，计算水平位移
5	收敛计		收敛计，是用于测量两点之间相对距离的一种便携式仪器，是用于测量和监控暗挖隧道周边变形的主要仪器
6	分层沉降仪		(1) 坑、堤防等底下各分层沉降量； (2) 测试数据变化，可以计算沉降趋势，分析其稳定性，监控施工过程等

序号	仪器	实 图	适 用 范 围
7	裂缝宽度观测仪		裂缝宽度观测仪可广泛用于桥梁、隧道、墙体、混凝土路面、金属表面等裂缝宽度的定量监测
8	倾斜仪		倾斜仪用于长期测量混凝土大坝、面板坝、土石坝等水工建筑物的倾斜变化量，同样适用于工业与民用建筑、道路、桥梁、隧道、路基、土建基坑等的倾斜测量，并可方便实现倾斜测量的自动化
9	电阻应变仪		电阻应变仪是配合电阻应变片测量应变的专用仪器。电阻应变仪一般由电桥、放大器与指示器等组成。电桥将应变片的电阻变化转换为电压信号，通过放大器放大后，由指示器指示应变读数。进行动态应变测量时，则还需要配置记录器（例如光线示波器与磁带记录仪等），以记录应变随时间变化的关系曲线
10	位移计		用于监测水平和竖向位移。可用于监测土坝、边坡等结构物的位移、沉陷、应变、滑移等
11	应变计		用于混凝土结构或钢结构表面的应变测量
12	单点位移计		可用于铁路、水利大坝、公路、高层建筑等各种基础沉降测量
13	土压力盒		可用于长期测量土堤、边坡、路基等结构内部土体的压应力

　　监测仪器的选择一般按照以下原则进行：（1）根据确定的监测项目选择相应的仪器，仪器数量宜少而精；（2）监测仪器的精度和量程应满足具体工程的要求，此要求应根据计算值或模型试验值等预测的最大和最小值确定仪器的精度和量程；（3）仪器应准确可靠，坚固耐用，能适应潮湿甚至涌水、爆破震动和粉尘等恶劣环境；（4）仪器宜轻便，布置简单，埋设安装快捷，操作读数方便，占用掌子面时间短，对施工干扰少。

3 施工安全管理预警系统

地下工程施工过程中危险源是导致安全事故的根源，因此，危险源管控是地下工程施工安全控制的核心问题之一。其中，物的不安全状态与环境的不良条件可通过定期检查或人员上报及时发现问题，但人的不安全行为具有一定的随机性与难量测性，因而人的不安全行为导致的物的不安全状态也随之具有不确定性。根据现有研究分析，施工现场良好的安全管理水平能够很大程度上减少人的不安全行为。因此，施工安全管理预警系统一方面可通过施工安全管理水平的综合评价，对不合格的安全管理指标或安全管理水平进行及时改进，通过良好的施工安全管理水平减少施工过程中危险源的产生，并间接对人的不安全行为进行管控；另一方面，还应通过施工过程中定期的危险源检查工作，及时发现并消除危险源。

3.1 施工安全管理内容

地下工程施工安全管理是以安全为目的，通过管理职能，进行有关安全方面的决策、计划、组织、指挥、协调、控制等工作，从而有效的发现、分析生产过程中的各种不安全因素，预防各种意外事故，避免各种损失，保障员工的安全健康，推动企业安全生产的顺利发展，为提高经济效益和社会效益服务。

施工安全管理内容包括对人（man），材料（material），机械（machine），方法（method），环境（environments）的管理，简称"4M1E"。人主要体现在操作者的安全素质、技术熟练程度与身体状况等，机械主要体现在机器设备正常运转、测量仪器的精度和维护保养方面等，材料主要体现在材料的成分、物理性能和化学性能符合要求等，方法主要体现在生产工艺、设备选择、操作规程合理规范等，环境主要是指工作地的温度、湿度、照明和清洁条件等。

一般情况下，将安全事故的发生过程划分为5个阶段：潜伏期、孕育期、发生期、发展期、结束期（图3-1）。其中，潜伏期与孕育期为前期，发生期与发展期为中期，结束期为后期。

安全事故前期，安全管理控制主要是为保证各项施工活动在有序稳定的状态下进行，通过管理措施对偏离既定安全标准的人、物、环境进行偏差纠正的工作（事前控制）；安全事故中期，安全管理控制主要是为尽可能减少人员伤亡与财

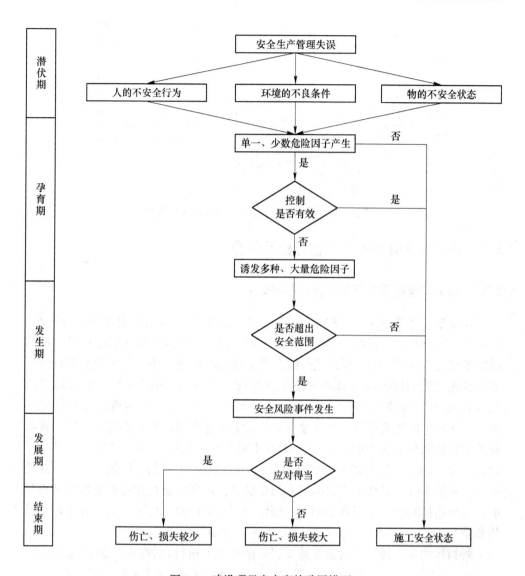

图 3-1 建设项目安全事故致因模型

产损失，通过及时高效的管理措施使安全事故中断或避免二次安全事故的发生（事中控制）；安全事故后期，安全管理控制主要是通过管理措施及时处理已发生事故造成的影响，并进行经验教训的总结，进一步完善安全管理系统（事后控制）。因此，为确保人员生命与财产的安全，应将安全事故控制在萌芽状态，即将事前控制作为安全控制工作的重中之重，但由于地下工程施工的复杂性、阶段性以及不安全问题出现的随机性，所以安全管理控制的过程体现为现场管理措施与人、物、环境的不安全因素相互动态的博弈过程，如图 3-2 所示。

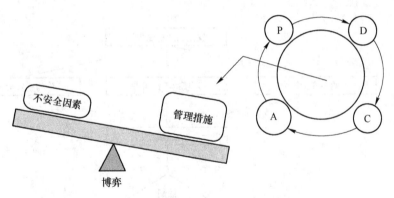

图 3-2　施工安全管理与不安全因素的博弈关系

3.2　施工安全管理水平综合评价及预警

3.2.1　施工安全管理水平综合评价指标体系

在参考《建筑施工安全检查标准》(JGJ—2011)、《施工企业安全评价标准》(JGJ/T 77—2003)、《建设工程安全生产管理条例》(2004) 等标准法规及实地调研的基础上，运用 4M1E 理论进行综合评价指标的初选工作。考虑到施工过程中安全管理措施的综合性与技术方案的支撑性，将方法（method）分为管理措施（management）与技术方案（technology），所以对地下工程安全管理预警的初选指标从 4MTE 角度进行分析，通过专家调查法对各指标的重要性进行分析，将指标的重要性划分为 5 个级别：（1）非常不重要——赋值 1 分；（2）不重要——赋值 2 分；（3）一般考虑——赋值 3 分；（4）重要——赋值 4 分；（5）非常重要——赋值 5 分。受访专家根据问卷提示信息，对各二级指标的重要程度做出判断，每个指标对应的一组数据用 x_{ij} 表示，式中 $i = 1,2,3,\cdots,m$（m 表示指标的数量），$j = 1,2,3,\cdots,n$（n 表示专家的数量）。

各指标的重要程度分析依据重要程度指数 RII_i 进行比较，RII_i 的表达式：

$$RII_i = 100 \times \frac{N_{i1} \times 1 + N_{i2} \times 2 + N_{i3} \times 3 + N_{i4} \times 4 + N_{i5} \times 5}{5N} \quad (3\text{-}1)$$

式中，$i = 1,2,3,\cdots,m$；$N_{i1} \sim N_{i5}$ 分别表示问卷对第 i 个指标赋值为 1~5 时所对应的反馈人数数量；N 为问卷总数量。

对于影响因素的离散程度主要根据统计数据计算所得的变异系数 δ_i 进行分析，δ_i 值越大，表明专家对该指标的意见分歧较大，数据可信度不高。变异系数 δ_i 的计算式为：

$$\delta_i = \frac{\sigma_i}{\mu_i} \quad (3\text{-}2)$$

式中，
$$\mu_i = \frac{1}{n} \sum_{j=1}^{n} x_{ij} \tag{3-3}$$

$$\sigma_i = \sqrt{\frac{1}{n-1} \sum_{j=1}^{n} (x_{ij} - \mu_i)^2} \tag{3-4}$$

通过比较初选指标的重要性指数，发现："人员生活条件"重要性指数为75.71，"施工机械设备先进性"重要性指数为74.29，"材料供应商管理"重要性指数为67.86，均小于80，这三项指标重要性较低，且离散指数均大于0.2，说明专家们对这三项指标存在较大争议，因此，将这三项指标剔除，并最终形成地下工程施工安全管理水平综合评价指标体系，见表3-1。这里的指标体系可作为参考依据，可根据工程实际进行调整。

表 3-1 地下工程施工安全管理水平综合评价指标及重要性指数

目标	一级指标	二级指标	反馈问卷所赋分值					μ_i	σ_i	δ_i	RII_i
			1	2	3	4	5				
地下工程安全管理指标	人员	决策层安全素质与安全技术能力	0	0	5	18	33	4.50	0.66	0.15	90.00
		管理层安全素质与安全技术能力	0	0	2	23	31	4.52	0.57	0.13	90.36
		操作层安全素质与安全技术能力	0	0	4	21	31	4.48	0.63	0.14	89.64
		从业人员资格管理	0	0	0	27	29	4.52	0.50	0.11	90.36
		人员劳动防护管理	0	0	0	22	34	4.61	0.49	0.11	92.14
	机械	大型施工机械、设备安全控制	0	0	0	18	38	4.68	0.47	0.10	93.57
		常用机械设备安全管理	0	0	6	22	28	4.39	0.68	0.15	87.86
		施工机械可靠性检验与保养	0	0	6	17	33	4.48	0.69	0.15	89.64
	材料	材料进场质量验收	0	0	2	18	36	4.61	0.56	0.12	92.14
		材料场内运转装卸	0	0	10	27	19	4.16	0.71	0.17	83.21
		材料的存储与保护	0	0	9	21	26	4.30	0.74	0.17	86.07
	管理	安全生产责任制度及执行	0	0	2	19	35	4.59	0.56	0.12	91.79
		安全生产资金保障制度及执行	0	0	0	19	37	4.66	0.48	0.10	93.21

目标	一级指标	二级指标	反馈问卷所赋分值					μ_i	σ_i	δ_i	RII_i
			1	2	3	4	5				
地下工程安全管理指标	管理	安全教育培训制度及执行	0	0	3	19	34	4.55	0.60	0.13	91.07
		安全检查制度及执行	0	0	1	21	34	4.59	0.53	0.12	91.79
		安全生产事故应急救援制度及执行	0	0	1	23	32	4.55	0.54	0.12	91.07
		安全管理机构	0	0	1	18	37	4.64	0.52	0.11	92.86
		安全绩效考核	0	0	3	18	35	4.57	0.60	0.13	91.43
	技术	安全技术法规标准及操作流程	0	0	0	17	39	4.70	0.46	0.10	93.93
		危险源管控	0	0	0	17	39	4.70	0.46	0.10	93.93
		安全技术交底	0	0	9	22	25	4.29	0.73	0.17	85.71
	环境	安全标识与防护设施管理	0	0	2	18	36	4.61	0.56	0.12	92.14
		天气变化应对能力	0	0	3	18	35	4.57	0.60	0.13	91.43
		施工现场垃圾清运	0	0	2	22	32	4.54	0.57	0.13	90.71
		现场工作基本条件	0	0	1	19	36	4.63	0.52	0.11	92.50

3.2.1.1　人员

（1）决策层安全素质与安全技术能力。主要体现为决策层人员对施工安全现状的洞察力、安全态势的宏观控制力、安全事故的处理决策能力、安全生产的社会责任感与职业使命感、安全生产方针政策的掌握、现代安全管理技能方面。

（2）管理层安全素质与安全技术能力。主要体现为管理层人员遵守安全规章制度、参加安全生产活动、参与安全生产教育培训的情况、发现安全和查找安全隐患的能力、对基层员工在作业现场的安全保护、对生产条件和作业环境的重视、现场安全工作的控制能力、现场工序技术要求的熟悉程度、现场组织协调能力方面。

（3）操作层安全素质与安全技术能力。主要体现为操作层人员安全生产法律法规的执行情况、安全生产活动的参与情况、进场作业安全的意识培养、突发事件的应急自救能力、心理素质方面。

（4）从业人员资格管理。主要体现在项目现场人员是否具有合格的从业资质、是否进行严格的资格审查等方面，尤其是对项目现场进行特种作业施工人员的资格管理。

（5）人员劳动防护管理。主要体现在进场人员劳动防护用品穿戴的自觉性、规范性，劳动防护用品穿戴管理的严格性，劳动防护用品质量的合格与相应的检查工作方面。

3.2.1.2 机械

（1）大型施工机械设备安全控制。由于大型施工机械设备具有蕴含能量大、涉及范围广、安装拆卸要求高、易受雾和大风雨雪天气影响的特点，所以大型机械设备的安装、使用、拆除等相关的安全控制工作显得尤为重要。主要体现在大型机械安装与拆卸的安全控制是否严格依据相应的拆装规范要求来进行，并且按照一定要求设置防护装置进行防护。

（2）常用机械设备安全管理。主要体现在常用机械设备的使用、存储、搬运的规范性，使用时防护措施的全面合理性方面。

（3）施工机械可靠性检验与保养。主要考察现场施工机械设备的正常运转情况，在安装设备之前和设备投入正常运转之前都要对其进行可靠性分析和检验，只有检测合格取得相应的设备运行许可证之后，才可以投入正常使用。此外，在使用过程中还要定期进行复检工作，主要考察施工机械设备在运行使用过程中是否会出现各种各样的故障，导致设备无法正常运转，影响施工安全。所以，应该对施工设备定期进行检查和保养，使设备处于最优工作状态。

3.2.1.3 材料

（1）材料进场质量验收。考察在材料检验规范的规定下，原材料在使用前是否采用合理的检验方式进行抽样复试，只有复试合格的材料才能用于施工。材料到场验收应确认实物与货单相符。检验标准的制定，主要考察所用材料的品种、规格、数量、生产厂名、生产日期、出厂日期、合格证、主要性能参数和规范规定的主要技术指标等内容是否满足现场施工的要求和有无遗漏。

（2）材料场内运转装卸。主要考察原材料在质量合格的前提下，是否能够保证使用过程的正确、规范，是否能做到合理规范场内运转。

（3）材料的存储与保护。主要体现在材料入库手续、材料存放的保护措施、材料在保存过程中的损坏情况方面。

3.2.1.4 管理

（1）安全生产责任制度及执行。主要体现在安全生产责任制度的全面性与合理性、安全目标分解的详细与实际性、安全责任设置的合理性、责任缺失相应的处罚措施方面。

（2）安全生产资金保障制度及执行。主要体现在项目安全生产资金保障制度的全面性与合理性、安全生产资金的保障措施、安全生产资金使用的审查措施、安全生产资金的投入配比方面。

（3）安全教育培训制度及执行。安全生产教育培训工作承担着传递安全生产经验的任务，安全教育培训可以使员工的安全素质得到不断的提升，从而使员工从安全培训中认识到生产活动中安全工作的重要性，更好的掌握安全技能，促进生产顺利进行。主要体现在安全教育培训制度的全面性与合理性、教育工作的规范性、教育活动的开展、实际操作的安全生产培训方面。

（4）安全检查制度及执行。主要体现在安全检查制度的全面性与合理性、安全检查方法的选择，安全检查内容的设置，安全检查结果的处理方面。

（5）安全生产事故应急救援制度及执行。主要体现在安全生产事故应急救援制度的全面性与合理性、各类事故应急处理方案的编制，事故应急演练工作的开展，应急组织结构的设置，已发生事故的处理情况方面。

（6）安全管理机构。主要体现在安全管理机构的人员配备、安全施工方针的制定、机构设置的合理性、现场工作管控的主动性与协调性方面。

（7）安全绩效考核。主要体现在对项目现场安全生产工作的绩效考核，重点在于考核标准的合理性、考核方式的综合性、考核结果的客观性与奖惩措施的有效性方面。

3.2.1.5 技术

（1）安全技术法规标准及操作流程。主要体现在项目施工依据的安全技术法规标准与操作流程是否具有先进性、科学性、详细全面性，是否足以指导项目施工过程中的各项作业活动。

（2）危险源管控。由于项目实际施工时，现场人员、材料、机械较多，交叉作业频繁，因此危险源识别与管控工作非常重要。

（3）安全技术交底。主要体现在施工前，每道工序是否都进行安全技术交底工作、安全技术交底工作是否足以让施工班组、作业人员准确理解施工流程、标准、潜在的安全风险与安全防护措施方面。

3.2.1.6 环境

（1）安全标识与防护设施管理。主要体现在安全标识设置数量是否达标、标识是否设置在明显部位且表面清晰易于辨识、"四口""临边"安全防护设施的标准化方面。

（2）天气变化应对能力。主要体现在项目对大风、大雨、大雾、炎热、寒冷等环境变化是否进行天气变化可能性预测，并提前做出相应的安全防护措施，以及实际应对过程中既有设施能否良好应对天气变化的能力。

（3）施工现场垃圾清运。主要体现在垃圾的堆放、清理与运输方面。

（4）现场工作基本条件。主要体现在生产现场的采光、照明条件、防尘、降噪的处理措施等满足作业人员正常工作的基本条件设置是否合理。

3.2.2 施工安全管理水平综合评价等级划分及报警限确定

施工安全管理水平综合评价等级划分应对施工安全管理水平的表征进行综合分析，对其进行分级界定，宜遵循客观性原则、实用原则、奇数原则。目前，工程实际施工安全管理综合评价采用的等级划分多为：不合格、合格、良好，但对各等级施工安全管理水平未予以具体说明，这使得综合评价效果不佳，也不利于评价后的整改工作。

通过对现行标准规范与文献的分析，认为成熟度模型是一套用以分析问题的科学表征体系，它表征了组织在某一方面管理能力由低到高的提升过程，并提供了一套切实可用、可测量的指标体系，使组织内外能够对其管理能力进行准确的认识与评价，为组织实施改进提供了一条明确的路径。通过施工安全管理水平成熟度等级划分，不仅能够对所处等级较低的施工安全管理水平进行报警，还能够为处于最高级之外其他等级的施工安全管理水平提供明确的改进策略。

所以施工安全管理水平等级的划分，宜基于现有项目管理成熟度模型，以地下工程施工过程中对安全事故防控主动性的高低为标准将施工安全管理水平划分为 5 个等级，如图 3-3 所示。

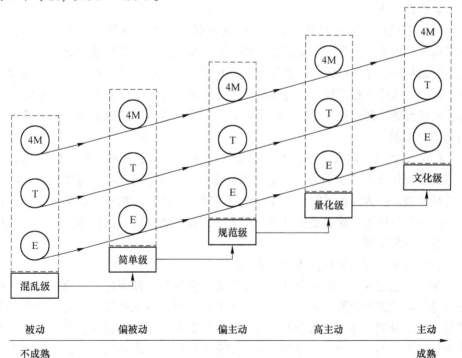

图 3-3　施工安全管理水平成熟度等级划分

（1）混乱级。该级别下，施工安全管理属于被动性管理。项目部未能正视安全生产的重要性，未建立或少量建立安全管理制度，安全生产技术落后，生产秩序较为混乱，对于外界环境的改变敏感性较大，其施工安全管理水平主要取决于安全管理者的工作经验，安全管理决策具有盲目性、随意性。

（2）简单级。该级别下，施工安全管理具有一定主动性，属于偏被动性管理。项目部管理层面有一定的安全管理意识，设立有安全管理机构但话语权不强，并以长期实践经验为基础制定有基本的安全管理制度，安全技术接近行业平均水平，能够应对外界环境一般改变带来的影响。其安全管理水平总体表现为制度化，具有稳定性与可重复性，但由于制度本身缺乏系统性、协调性、可操作性，安全管理组织机构话语权较小，安全目标与责权划分不够细致，安全教育、宣传等工作效果不佳，流于形式，使得企业安全管理体系执行力度较弱。

（3）规范级。该级别下，施工安全管理主动性较强，属于偏主动性管理。针对安全生产各个环节的工作内容已形成系统化规范，将重点放在安全事故的预控上，目标分解细致，责权划分清晰，计划目标与实际落实情况贴合程度较高。除安全管理机构外，其他各级管理者均具有较好的安全管理意识，并形成整体协同效应，工程施工能够较好应对外界环境发生重大改变造成的影响，安全生产管理体系执行力强。

（4）量化级。该级别下，施工安全管理属于高主动性管理。施工安全管理在规范级基础上，实现定量化信息管理，对各项安全生产管理活动确定有量化指标与控制标准，主要涉及安全责任与目标划分、安全生产计划制定、安全管理绩效考核、安全生产技术标准、外界环境变化监测防控等方面，并辅以信息技术进行及时的数据采集、处理分析、结果报告、入库保存等，以保证施工安全管理达到精细化控制。

（5）文化级。该级别下，施工安全管理属于主动性管理。整个施工组织结构以安全文化成为核心动力，安全生产理念深入人心，全体人员积极主动参与，可持续性强。一方面通过对自身安全管理各项工作的长期检查、监测，不断优化改进；另一方面通过建立更新机制，引进安全管理新方法、新技术，适时合理地进行安全管理革新。

各级成熟度等级特征及类型见表3-2。

施工安全管理水平等级划分后，还应确定报警限，即当施工安全管理水平低于某等级时应进行报警。施工安全管理水平的等级是施工过程中人员安全意识与素质、安全管理工作到位与否的综合反映，对其若采用多级报警，则会体现出对安全管理工作不到位的容忍态度，这与安全管理实际要求不符，因此，施工安全管理水平的报警宜采用单级报警。

表 3-2 成熟度等级特征及类型说明

序号	成熟度等级	特 征	类型
1	混乱级	(1) 安全管理者的工作经验; (2) 未建立或少量建立安全管理制度; (3) 安全生产技术落后; (4) 现场操作人员安全素质整体较差; (5) 生产秩序混乱; (6) 对外界环境变化敏感性较大	经验管理型
2	简单级	(1) 项目管理层有一定的安全管理意识, 安全管理者话语权不强; (2) 建立基本的安全管理制度, 但目标、责权界定不清, 相关工作落实效果不佳; (3) 安全生产技术接近行业平均水平, 但仅针对风险较大的作业及场所; (4) 现场操作人员安全素质参差不齐; (5) 生产活动具有一定的秩序性; (6) 能够应对一般外界环境变化带来的影响	制度管理型
3	规范级	(1) 项目管理层均高度重视安全管理; (2) 安全管理制度具有系统性、规范性, 责权界定清晰, 落实效果较好; (3) 安全生产技术高于行业平均水平; (4) 现场操作人员安全素质较好, 具有一定主动性; (5) 生产活动具有良好的秩序性; (6) 能够应对外界环境发生重大变化带来的影响	规范管理型
4	量化级	在规范级基础上: (1) 安全生产管理活动确定有量化指标与控制标准; (2) 安全生产管理实现良好的信息化管控	定量管理型
5	文化级	在量化级基础上: (1) 安全文化成为核心动力, 全员积极参与安全生产管理; (2) 安全管理过程持续优化改进; (3) 建立安全管理更新机制, 适时引进新方法、新技术	文化创新型

　　由于城市地下工程施工的难度大、土体不确定性强、周边环境复杂等因素, 其施工安全管理水平的报警限等级宜为简单级, 当综合评价得出施工安全管理水平为简单级或混乱级时应报警, 并采取相应的管理整改措施。

3.2.3 施工安全管理水平综合评价方法

施工安全管理水平综合评价一般采用的思路是首先确定各二级指标的安全管理水平得分或等级，然后基于二级指标权重通过数学模型进行结果合成得到一级指标的安全水平得分或等级，进而再基于一级指标权重通过数学模型进行结果合成确定整个施工安全管理水平的等级。

3.2.3.1 综合评价指标权重的确定

指标权重的确定方法可分为主观赋权法、客观赋权法、组合赋权法。

主观赋权法是根据专家主观上对各指标的重视程度来确定其权重的方法，其原始数据由专家根据经验主观判断而得到。主观赋权法属于研究较早、较为成熟的方法。主观赋权法的优点是专家可以根据实际的决策问题和专家自身的知识经验合理地确定各属性权重的排序，不至于出现属性权重与属性实际重要程度相悖的情况。但决策或评价结果具有较强的主观随意性，客观性较差，同时增加了分析者的负担，应用中有一定的局限性。常用的主观赋权法有专家调查法（Delphi法）、层次分析法（AHP法）等。

客观赋权法是根据原始数据之间的关系来确定权重，其原始数据是各指标的实际数据，因此权重的客观性强，无需专家做出分析，方法具有较强的数学理论依据。其基本思想是指标权重应是各指标在指标体系中自身数据的变异程度和对其他指标影响程度的度量。但是这种方法仅依据数据确定权重，易出现结果与实际事理不符的情况。常用的客观赋权法有变异系数法、熵权法等。

组合赋权法是将通过主观赋权法与客观赋权法得到的权重通过一定的数学方法合成，常用方法有"乘法"集成法、"加法"集成法。其公式分别是

$$w_i = a_i b_i \bigg/ \sum_{i=1}^{m} a_i b_i \tag{3-5}$$

$$w_i = \alpha a_i + (1 - \alpha) b_i, \ (0 \leqslant \alpha \leqslant 1) \tag{3-6}$$

式中，w_i 表示第 i 个指标的组合权重；a_i，b_i 分别为第 i 个指标的主观权重和客观权重。当权重确定对不同赋权方法存在偏好时，α 能够根据偏好信息来确定。

综上，不同的权重确定方法具有各自的适用范围，由于施工安全管理水平的综合评价指标多为定性指标，所以无法获得指标自身的客观数据，因此，其权重确定方法宜采用主观赋权法。

3.2.3.2 综合评价计算方法

施工安全管理评价常用的方法有安全检查表、专家评议、模糊综合评价、灰色评价、未确知测度、BP 神经网络等方法。其中，安全检查表、专家评议等方法，操作简便易于理解，但对现场的认识不够系统全面；模糊综合评价、灰色评价、未确知测度等评价方法，基于模糊数学理论，良好地解决了定性指标无法量

化的问题，但评价结果受专家主观影响较大；BP 神经网络等方法，基于人脑工作的神经网络原理，通过对大量数据内在规律进行总结并具有随着数据增加不断自学习的特点，不需要确定指标权重即可获得结果，但该方法依赖于原始数据的质量与大样本数据，计算量大、可操作性较差，评价结果对模型的稳定性依赖较强。

通过文献分析，目前施工安全管理综合评价多采用未确知测度评价方法，这是由于施工安全管理综合评价指标多为定性指标，且部分指标涉及范围较广，使得诸多指标存在未确知性。未确知测度评价方法可以有效弥补模糊综合评价方法未考虑指标未确知性的不足，且与 BP 神经网络相比较，可对评价指标进行优劣排序，且计算简便、可操作性强。

未确知信息是指由于条件的限制，在进行评价时尚无法确知的信息，它是由于评价决策者所掌握的证据不足以确定事物的真实状态和数量关系而带来的纯主观认识上的不确定性。但此类问题不包括"近似信息"，所谓近似信息是指由于外界的干扰和计量设备精度不高而使所得数据具有近似性，这类信息应该作为确定性信息看待，因为数据的近似性是普遍存在的，没有绝对精确的数据。当测量数据与真值误差较大时，应作为错误信息，而信息具有未确知性。

在具体评价工作中，可根据各类方法的适用性与评价目的、要求对施工安全管理综合评价计算方法进行选择。但不论选择哪种方法，还需进行如下基本工作：

首先应确定各综合评价等级对应的区间，通过参考《建筑施工安全检查标准》(JGJ—2011)，区间划分依照标准采取百分制，混乱级、简单级、规范级、量化级、文化级对应的区间为 [0, 60)、[60, 70)、[70, 80)、[80, 90)、[90, 100]。

然后确定各二级指标安全管理水平的得分，由于施工安全管理的综合评价指标多为定性指标，所以一般采用的方法为专家打分法进行量化，应向专家进行综合评价等级、各指标相应评判依据的说明，提供施工现场安全管理资料，并在专家对施工现场巡查后，对各二级指标进行打分。各二级指标的评分依据见表 3-3。

当计算得出施工安全管理水平综合评价结果为混乱级、简单级时，应立即发出水平级警报，由项目管理层集中开会，分析施工安全管理水平存在的不足，并制定相应的改进措施；当单个指标评价结果为混乱级、简单级时，此时不发出警报，由安全管理机构分析原因，并制定单个指标的改进措施，但当同一指标连续 2 次在评价结果中均处于混乱级或简单级时，此时应发出指标级警报，项目部应予以重视，并对该指标的改进效果进行跟踪。

表 3-3 各二级指标评分依据

一级指标	二级指标	混乱级	简单级	规范级	量化级	文化级
人员	决策层安全素质与安全技术能力	决策层安全管理意识差	决策层具有一定的安全管理意识	决策层较为重视安全管理	决策层高度重视安全管理	决策层领导积极主动参与安全管理工作
	管理层安全素质与安全技术能力	管理层人员素质差	管理层具有一定的安全管理意识但话语权不强	管理层熟悉现场安全管理	管理层能够参与现场安全管理并有强执行力	管理层积极参与安全管理并提出新想法
	操作层安全素质与安全技术能力	操作人员安全质量整体差	操作人员安全素质参差不齐	操作人员安全素质较好，具有一定主动性	操作人员安全素质高，具有高度主动性	全体操作人员严格安全视为本职基本工作并主动督促他人
	从业人员资格管理	基本无资格管理制度	有资格管理制度但落实不佳	资格管理制度全面、合理	对从业人员资格进行量化管理	同量化级
	人员劳动防护管理	防护用具穿戴不规范、管理松散	防护用具穿戴较规范	防护用具穿戴规范，管理严格	对偏戴防护用具的情况进行量化管控	同量化级
机械	大型施工机械设备安全控制	安装、使用不规范、防护不到位	安装、使用、拆除、防护有侧重地采取防护措施	安装、使用、拆除、防护等均遵守规范	对大型施工机械设备进行量化控制	有意识地选择新方法、新技术
	常用机械设备安全管理	管理不全面	管理较全面	管理全面、合理	对常用机械设备进行量化处理	有意识地选择新方法、新技术
	施工机械可靠性检验与保养	不做检验与保养	发生故障时做检验、定期保养	按照规范定期检验保养	对机械的可靠性保养量化管理	同量化级

续表3-3

一级指标	二级指标	成熟度等级				
		混乱级	简单级	规范级	量化级	文化级
材料	材料进场质量验收	基本不进行质量验收	适当进行验收	按规范查看验收后进场	量化处理材料的质量问题	同量化级
	材料场内运转装卸	不做统一安排	场内运转、装卸有序，但有时混乱	场内运转、装卸有序合理	以量化的标准评判材料运转装卸	同量化级
	材料的存储与保护	随意堆放，保护措施少	保护措施比较到位，材料损坏少	存储合理，保护措施到位	从量化的角度处理材料存储、保护的效果	有意识的选择新方法、新技术
	安全生产责任制度及执行	安全生产责任制度不全面、执行不严格	安全生产责任制度较为全面、有相应的处罚措施	安全生产责任制度全面，严格执行处罚措施	安全生产责任制度落实到个人	创新、改进安全生产责任制度
	安全生产资金保障制度及执行	安全生产资金保障制度不全面，执行不严格	安全生产资金保障制度较为全面、设置较为合理	安全生产资金保障制度全面、设置科学、合理	量化管理安全生产资金保障制度	创新、改进安全生产资金保障制度
管理	安全教育培训制度及执行	有安全教育培训但无考核	对大部分人进行安全教育且采用考试进行考核	各层次人员安全教育全面	对安全教育培训考核结果量化处理	所有人员积极参与安全教育培训
	安全检查制度及执行	安全检查制度建设不全	对安全检查结果进行适当的处理	严格执行安全检查制度并严格处理	对安全检查执行的效果进行量化考核	安全检查人员创新检查制度，积极执行
	安全生产事故应急救援制度及执行	有制度但未执行	有应急预案偶尔演练	有全面的应急预案且定期演练	量化应急救援制度及预案演练结果	各层人员积极主动参与演练及预案制定中

续表3-3

一级指标	二级指标	成熟度等级				
		混乱级	简单级	规范级	量化级	文化级
管理	安全管理机构	设置相关机构但未安排人员	机构设置较为合理,能较为主动地进行现场管控	机构完备,能全面进行现场管控	安全管理机构实现量化管控	安全管理机构能够建立良好的安全文化
	安全绩效考核	不做绩效考核	考核较为合理且有相应的奖惩	考核方式、综合性考核合理,且有相应奖惩	考核结果进行科学、合理的量化处理	以安全文化提升安全绩效
	安全技术法规标准及操作流程	操作流程不规范	操作流程较为科学、规范	操作流程合乎规范标准要求	以量化的结果评价安全技术操作流程	各层操作人员自觉的标准化操作
	危险源管控	管理存在严重隐患	能够科学的识别危险源且进行处理	科学规范的管理与处置危险源	量化危险源管理的过程与效果	管理人员积极参与安全管理
技术	安全技术交底	没有全面的进行技术交底工作	技术交底基本到位,传达明确	全面、清晰地进行技术交底	量化处理安全技术交底工作的程度	各层人员主动、有效地完成技术交底
	安全标识与防护设施管理	安全标识摆放不规范、防护设施设置不到位	安全标识较为全面、明显,安全防护较为标准	安全标识摆放明显、清晰可辨,安全防护规范	量化管理安全标识与防护设施	结合安全文化、引进新方法、新技术
环境	天气变化应对能力	应变能力不足	能做出相应的防护措施	准确预判,处理得当	对天气变化量化处理以更准确预判	优化方法,积极应对
	施工现场垃圾清运	垃圾堆放不合理,现场混乱	垃圾堆放较为合理,能及时清理	垃圾分类堆放清运清洁	对垃圾处理效果量化控制	同量化级
	现场工作基本条件	现场环境差	基本能满足现场施工要求	现场环境良好、满足要求	量化管理现场工作基本条件	全员共同保持现场工作基本条件

3.2.4 施工安全管理水平改进策略制定

结合工程实际，施工现场安全管理水平的改进受到人力、物力和资金等客观因素的制约，因此，需要利用有限的资源，并根据各关键指标的评价结果分类，分析当前安全管理水平改进的重点与次序，制定有步骤有重点的梯次改进计划。

通过构造施工安全管理优先改进坐标体系可分析得出改进的重点与次序。优先改进坐标体系的横轴表示指标的权重，纵轴表示指标的评价结果，如图 3-4 所示。由此可知，权重越大得分越低的指标越具有改进优先权，制定改进策略时，首先确定各一级指标的改进次序，然后再确定各一级指标下二级指标的改进次序。但需注意的是，除改进处于简单级、混乱级的指标外，还有

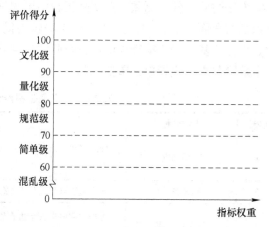

图 3-4　施工安全管理优先改进坐标体系

部分指标评价结果虽然在规范级，但其评价得分较低，很有可能处于简单级与规范级之间的临界状态，此部分指标也应作为施工安全管理改进的对象。

3.3　施工危险源管控

城市地下工程施工危险源管控主要是对施工现场的危险源通过定期规范的辨识检查工作，及时发现存在的危险源并采取处理措施，其主要工作有：编制危险源检查清单，定期高频的危险源辨识检查，对发现的危险源采取相应的消除或整改措施。

3.3.1　危险源概述

危险源是可能导致伤害或疾病、财产损失、工作环境破坏或这些情况组合的根源或状态。生产过程中存在的、可能发生意外释放的能量（能源或能量载体）或危险物质称作第一类危险源，导致能量或危险物质约束或限制措施破坏或失效的各种因素称作第二类危险源。第一类危险源产生的根源是能量与有害物质，系统具有的能量越大，存在的有害物质数量越多，系统的潜在危险性和危害性也越大。第二类危险源主要包括人的不安全行为、物的不安全状态和环境的不良条件。根据分类可知，第一类危险源虽具有巨大的能量，但只要对其进行良好的管控，则能够对其加以利用，以实现良好的安全生产工作；第二类危险源则是导致

安全事故的主要因素，所以第二类危险源成为管控的重点。

3.3.2 施工危险源检查及报警

目前，施工危险源辨识方法主要有：现场调查法、工作任务分析法、安全检查表法、危险与可操作性研究法、事件树分析法、故障树分析法等，见表3-4。这些方法的分析各有侧重，在实际工程中可根据具体情况综合使用，以保证危险源识别的全面性。其中，安全检查表法较为简单，可操作性强，适用于工程实际。因此，基于安全检查表法进行危险源检查表的编制，该检查表是实现施工过程中危险源规范化管控的重要工具。

表 3-4 施工危险源辨识方法

序号	方法名称	方 法 说 明
1	现场调查	询问交谈、现场观察、查阅有关记录，获取外部信息，加以分析研究
2	工作任务分析	分析施工现场人员工作任务中所涉及的危害
3	安全检查表	运用编制好的安全检查表，对施工现场和工作人员进行系统的安全检查，可辨识出存在的危险源
4	危险与可操作性研究	对工艺过程中的危险源实行严格审查和控制的技术，它是通过指导语句和标准格式寻找工艺偏差，以辨识系统存在的危险源
5	事故树分析（ETA）	分析各环节事件"成功（正常）"或"失败（失效）"的发展变化过程，并预测各种可能结果的方法
6	故障树分析（FTA）	根据系统可能发生的或已经发生的事故结果，去寻找与事故发生有关的原因、条件和规律

3.3.2.1 通用危险源

通过文献分析、项目调研，对城市地下工程施工存在的危险源进行汇总整理以供参考，其中，城市地下工程较为通用的危险源检查项可参考表3-5。

表 3-5 城市地下工程施工通用危险源检查项参考

安全事故	危险源检查项
高处坠落	临边安全防护设施是否符合规定
	攀登与悬空作业的人员是否配系防护绳
	人员是否临边休息
	脚手架、模板、支撑安装是否按规定要求
	操作平台与交叉作业的安全防护是否符合规定

安全事故	危险源检查项
物体打击	进场时是否佩戴安全帽，安全帽是否合格
	作业时是否按规定戴安全帽
	临边是否存在工具、材料、垃圾等
	"四口"防护是否符合要求
	工程材料、构件、设备的堆放是否符合要求
	作业区夜间施工照明合理
机械伤害	作业人员是否正确使用机械
	机械故障是否及时处理
	机具传动部位是否外漏
	夜间施工照明是否合理
起重伤害	起重设备操作是否正确
	支撑是否稳定
	连接节点强度是否满足要求
	吊物捆绑是否牢靠
	履带吊钢丝绳是否磨损严重
	履带吊钩防脱装置是否失效
	吊物下放时是否站人
	起重作业是否有人指挥
	起重系统是否刹车失灵
	安全限位装置是否符合要求
	汽车吊起吊地点是否稳定可靠
	起吊范围内无障碍物
	起吊范围内视野是否清晰、开阔
触电伤害	电线是否乱接乱拉
	用电线路是否老化
	施工机具是否按规定接地
	保险丝是否符合要求
	漏电开关是否失灵
	移动用电设备接电是否使用插头
	是否符合一机一闸
	对电闸刀、接线盒、电动机及其运输系统是否有可靠的防护

安全事故	危险源检查项
触电伤害	非专业人员是否进行用电作业
	焊接、金属切割、冲击钻孔等是否符合要求
	各种施工电器设备的安全保护是否符合要求
	是否存在未断电拖拉机具
爆破事故	易燃、易爆及危险品是否按规定搬运
	易燃易爆及危险品是否按规定使用
	易燃易爆及危险品是否按规定保管
	爆破作业时安全措施是否足够
火灾事故	电、气焊作业操作是否符合规定
	电、气焊作业周围易燃可燃品防护是否符合规定
	沥青防水作业操作是否符合要求
	临时用电是否符合要求
	工地临时用电是否符合要求
	消防设施是否损坏失效
	易燃易爆及危险品使用和保管是否符合要求
中毒事故	人工挖孔桩、隧道内通风排气是否通畅
	工地饮食卫生是否符合要求

3.3.2.2 基坑工程危险源

基坑工程施工主要包括围护结构（降水井）施工、土石方开挖及支撑体系设置等阶段，其主要涉及危险源如下。

A 围护桩（墙）及降水井施工阶段

（1）钻孔桩和连续墙施工时，因前期调查不详，施工时探孔挖掘不对位，造成钻机破坏地下管线风险。

（2）桩基施工阶段，易出现桩基周边管线还未处理，就开始施工，大型机械行走在管线所在区的地面上，进行钻孔作业，易造成浅层管线压裂风险。

（3）施钻（抓）孔时，因措施不当会引起塌孔，造成地表塌陷，进而引起周边地下管线破坏风险。

（4）因吊装钢筋笼、护筒、混凝土导管等操作不当易引起人员伤害。

（5）钻孔桩垂直度超标，侵入结构，基坑开挖时未采取措施，擅自切除围护结构，易造成基坑失稳风险。

（6）围护结构施工质量差，承载力不够，引起基坑失稳风险。

（7）降水井施工质量差，达不到抽水能力要求。

B 土石方开挖及支撑体系设置阶段

基坑开挖期间，环境风险与基坑自身风险相互影响。基坑开挖对地层原有结构有破坏和扰动，土体结构的原平衡状态破坏，会引起土体内应力场的变化，它的后果是使基坑内的土体向开挖方向滑动，产生坑底土体的回弹和围护挡土结构的内移，围护结构位移，会引起周边地表沉降，地表沉降超过一定数值，会引起管线、建（构）筑物破坏，而上水、排水管线的破裂导致水渗入基坑周边土体或灌入基坑，又加速基坑的破坏。

（1）桩（墙）-内支撑体系，支撑加工（预制）质量不合格、支撑架设不及时、支撑脱落，易引起基坑失稳风险；支撑围檩架设后与桩间不密贴，未采取措施，围檩与桩受力不均，无法形成整体受力，易引起基坑变形风险；角部支撑围檩，未设抗剪墩，围檩未焊成整体，加预应力后，易引起滑动失稳风险；主体结构混凝土未达到强度要求即拆撑、支撑拆除与支撑替换不连贯，容易造成基坑失稳和结构破坏风险。

（2）桩（墙）-锚杆（索）支撑体系，锚杆（索）钻孔进入饱和粉细砂层中，易引起管涌风险；锚杆（索）未打设，或虽已打设但未张拉就开挖下部土体，易引起基坑失稳风险。

（3）基坑周边超载引起基坑失稳，进而引起坍塌事故。

（4）软弱地层开挖易引起坑底隆起、基坑周边地表沉陷、管线下沉超标破坏、周围建筑物倾斜（开裂）等风险；在软弱地层、粉细砂层、厚回填土地层中，采用放坡开挖或土钉墙支护，易发生土体滑坡风险；饱和粉细砂地层，在降水或加固不到位的情况下，易从桩间或基坑底部发生管涌风险；基坑周边存在的水囊和地下空洞对土层结构变化特别敏感，施工前未处理或处理不当，易引起地层陷落、周边地下管线破裂、周边建筑物破坏风险。

（5）处于岩石地层的基坑开挖，岩石爆破开挖存在飞石伤人风险。

（6）土钉墙施工时，存在下列施工行为，易造成塌方风险：1）未按施工方案步距开挖，开挖步距太大；2）开挖后，未及时支护，土坡暴露时间太长；3）上层土钉注浆体强度、喷射混凝土强度未达到要求，就开挖下层土方。

（7）土方开挖期间，因与支护体系交叉施工，施工作业机械较多，所以，机械伤害也是这个阶段的主要风险。

（8）明（盖）挖基坑施工作业面大，暴露时间长（从开挖到结构完成的整个过程），部分作业需在坑边进行，如基坑监测工作、吊装作业工作，所以，临边防护风险也是明（盖）挖法的主要风险。

（9）雨季基坑开挖，排水不当，坑外土体受到冲刷、坑内土体受水浸泡易引起基坑失稳风险。

基坑工程施工特色危险源检查项可参考表3-6。

表3-6 基坑工程施工过程特色危险源检查项

安全事故	危险源检查项
支护结构失稳	边坡坡度是否符合要求
	围护结构底端插入深度是否足够
	施工速度是否过快
	卸载是否太快
	基坑是否及时支护
	是否超挖
	开挖时挖土机械对支护结构是否产生影响
	基坑周边不合理堆载或动载是否过大
	坑底是否及时封底
	支撑设计强度是否足够
	支撑架设偏心是否过大
	预应力施加水平是否足够或预应力损失是否及时补加
	钢管内支撑架设是否及时或架设方式是否正确
	连接部分质量是否符合
	钢围檩与围护结构间是否有抗滑措施
	锚杆打入深度是否足够
	锚杆是否穿过潜在滑动面并进入稳定土层 1.5m
	锚杆锚固段的上覆土层厚度是否足够
	浆体强度是否符合设计要求
	腰梁混凝土强度是否足够
	雨季施工坑内是否有排积水措施
踢脚破坏	围护结构插入深度是否足够
	坑底土质强度是否足够
	基坑周边堆载或动载是否过大
围护结构渗漏	围护结构表面是否有水渍、渗流
坑底涌水、涌砂	围护结构嵌固深度是否足够
	降水是否失效
	暴雨或季节性水位是否波动
坑底突涌破坏	承压水降水措施是否到位
	坑底是否及时封底

3.3.2.3 隧道工程施工安全危险源

隧道工程施工由于具有围岩稳定性的不确定性，施工环境条件恶劣等特殊性，是一个复杂的系统工程。

据统计，地下工程发生事故原因是多方面的，其中，地质勘察不足占12%，设计失误占41%，施工失误占21%，缺乏信息沟通占8%，不可抗力占18%。众所周知，隧道工程具有地质复杂多变，作业空间狭小，不可预见性因素多，各种危险有害因素相互交织等特点，因此施工风险极高，工伤事故屡见不鲜。一般来说，隧道施工事故主要有塌方、冒顶片帮、物体打击、透水、机械伤害、车辆伤害、火灾、爆炸、淹溺、中毒和窒息等。

（1）当隧道穿过断层、岩溶、破碎带及其他不良地质段时，由于对工程地质、水文地质勘察不力，认识不足，施工方案选择不合理、（临时）支护不及时或支护偏弱等，在开挖后潜在应力释放，承压快，围岩易失稳而发生塌方、透水、突泥等突发性灾害事故且难于治理。

（2）当隧道穿过附近含瓦斯地段的岩层时，常因监测不力，通风不良造成瓦斯积聚，当遇电火或明火，极易引燃瓦斯发生爆炸、火灾及有害气体导致的中毒窒息等重大事故。

（3）采用钻爆法和掘进机法开挖或搭设钢架进行支护时，使用凿岩及掘进机等未按照操作规程操作，易产生机械伤害、高处坠落等事故。

（4）因隧道洞内工作面狭窄，空气污浊，能见度不高，装岩过程中车辆的调度和衔接不当等都可能造成事故。一般地，隧道装岩运输过程中发生的事故可以分成两类，一类是施工人员被自卸汽车、电机车或其他运输车辆碰撞，另一类是施工人员与岩块或其他障碍物相撞而使人受伤。

（5）在一些长、大、宽的公用设施隧道、地下通道和地铁隧道中常采用大型高效的施工机械设备施工，隧道内铺设的施工电缆和高压风水管路也较多，因此触电、机械伤害、高压风水管路接头脱落击伤施工人员等事故也时常发生。

盾构法施工特色的危险源检查项可参考表3-7，浅埋暗挖法施工特色危险源检查项可参考表3-8。

表3-7 盾构始发与接收过程特色危险源检查项

安全事故	发生位置	危险源检查项
洞门涌水涌砂失稳	盾构始发、接收部位	始发、接收端头地层加固措施是否到位
		工序衔接出现问题
		降水措施是否失效
隧道掘进偏移	隧道掘进部位	轴线控制是否有效

安全事故	发生位置	危险源检查项
渗漏水	出现问题部位	螺栓连接是否牢固
		嵌缝与堵漏是否失效
		管片是挤压破损
盾构机故障 开挖面失稳	盾构机	千斤顶系统是否正常工作
		注浆管是否堵塞
		盾构机掘进参数是否正常
地表沉降	对应地表部位	注浆压力是否符合规定
		二次注浆是否及时

表3-8 浅埋暗挖法施工过程特色危险源检查项

作业活动	安全事故	发生位置	危险源检查项
超前支护	超前支护失效	超前支护范围内	超前导管（管棚）长度及打设步距是否过短
			超前导管（管棚）横向分布范围是否过小
			超前导管（管棚）施工数量是否过少
			注浆加固效果是否良好
土方开挖	工作面大变形、失稳、拱顶塌方、马头门塌方	开挖工作面	开挖进尺是否过大
			施工台阶长度是否过大
			施工台阶坡度是否过大
			开挖各部工作面距离是否过大
			超前支护是否及时
			初期支护是否及时
			超前支护结构是否失效
	工作面渗水	开挖工作面	工作面是否有水渍、渗流
			降排水措施是否到位
初期支护	初支失稳	初期支护结构	架设纵向间距是否过大
			钢格栅拱脚是否悬空
			钢格栅或钢架链接是否牢靠
			初支是否变形
			锁脚锚杆是否牢靠
			钢筋网片、喷射混凝土是否及时

作业活动	安全事故	发生位置	危险源检查项
初期支护	初支失稳	初期支护结构	回填注浆是否及时
			是否做临时支撑
	仰拱破坏	初期支护结构	清渣程度是否符合要求
			排水程度是否符合要求
			浇筑时泥水是否离析

3.3.2.4 施工安全危险源检查

对于具体工程项目，应结合工程实际在施工前编制施工安全危险源检查表，应对不同监控区域内的各作业活动分别列出危险源清单，并根据不同的危险源设定其检查方式及频率、检查标准、允许处理时间等，参考格式如表 3-9 所示。对于发现的危险源应及时处理并核查整改情况。

表 3-9 施工安全危险源检查表

检查日期：

序号	监控区域	作业活动	可能导致事故	危险源	检查方式及频率	检查标准	检查结果	允许处理时间	检查人
1									
2									
⋮									

发现问题处理整改情况：

3.3.2.5 施工安全危险源报警

当发现的施工安全危险源超过允许处理时间仍未处理，或同一监控分区内连续 3 次发现同一危险源时，应进行该危险源报警。报警后，对于仍未处理的危险源应立即处理，对于连续多次出现的危险源应综合分析其原因并采取相应的控制措施，对相关人员应采取教育和处罚措施。

3.4 施工安全管理预警系统实例

3.4.1 工程概况

某建筑大厦，总用地面积约 23667m²，总建筑面积为 285158.4m²。地下为：4 层地下室（底板底相对标高−18.40m），框架剪力墙结构，作为车库、设备用房、人防等。地上为：主体结构共 40 层，建筑高度 179.9m，框架核心筒结构，为办公楼；裙楼 4 层，建筑高度 21.9m，框架结构，为商业楼。

该工程基坑尺寸为 153m×137m，周长 580m，西侧、南侧为市政主干道，东侧为待建规划空地，北侧为住宅小区。基坑四周均埋设有地下管线，其中西侧和南侧管线较密集，包括有雨水管线、给水管线、污水管线、燃气管线、路灯管线、电信管线和供电管线。管径范围为 150~1200mm，埋设深度为 0.5~5.7m，管顶标高为 0.8~5.97m。基坑安全等级为一级，围护结构类型为地下连续墙加四道砼内支撑形式，止水帷幕采用三轴水泥搅拌桩和地下连续墙。基坑内外采用自流管井疏干降水；坑底深坑部位布设承压降水井，以承压水封底为主，以承压井降水减压为辅。该工程实景见图 3-5~图 3-8。

图 3-5 基坑周边围挡

图 3-6 基坑材料堆放

图 3-7 基坑现场机械作业

图 3-8 临边防护设施

3.4.2 施工安全管理水平综合评价方法

结合工程实际，本书 3.2.1 节建立的综合评价指标体系满足其评价需求，故对指标体系不做调整。

3.4.2.1 综合评价指标权重确定

选用主观赋权法中的层次分析法进行综合评价指标权重的确定，具体步骤如下。

（1）构造判断矩阵。构造两两比较判断矩阵时，需邀请专家判断两个指标 U_i 和 U_j 的相对重要性，一般采用1~9标度法对重要性进行量化，具体见表3-10。

表3-10　判断矩阵标度及其含义

标度	含　义
1	表示指标 U_i 与 U_j 比较，具有同等的重要性
3	表示指标 U_i 与 U_j 比较，U_i 与 U_j 稍微重要
5	表示指标 U_i 与 U_j 比较，U_i 与 U_j 明显重要
7	表示指标 U_i 与 U_j 比较，U_i 与 U_j 非常重要
9	表示指标 U_i 与 U_j 比较，U_i 与 U_j 极端重要
2，4，6，8	表示相邻判断1~3、3~5、5~7、7~9的中值
例数	表示指标 U_i 与 U_j 比较得到 a_{ij}，则 U_j 与 U_i 比较得到 $1/a_{ij}$

一般对于 n 个指标来说，根据上表对每个指标进行两两比较后，可得到判断矩阵 $U = (a_{ij})_{mn}$ 如下式所示：

$$U = \begin{bmatrix} a_{11} & a_{12} & \cdots & a_{1n} \\ a_{21} & a_{22} & \cdots & a_{2n} \\ \vdots & \vdots & & \vdots \\ a_{n1} & a_{n2} & \cdots & a_{nn} \end{bmatrix} \tag{3-7}$$

式中，$a_{ij} > 0$，$a_{ij} = 1/a_{ji}$，$a_{ii} = 1$。

（2）指标相对权重的计算。根据判断矩阵用最大特征根法计算权向量 T 和最大特征根 $\lambda_{\max}$。

计算判断矩阵 U 每一行元素的乘积：

$$M = \prod_{j=1}^{n} a_{ij}(i = 1, 2, \cdots, n) \tag{3-8}$$

计算 M_i 的 n 次方根：

$$\overline{W}_i = \sqrt[n]{M_i} \ (i = 1, 2, \cdots, n) \tag{3-9}$$

对 $\overline{W}_i$ 标准化（归一化处理）：

$$W_i = \frac{\overline{W}_i}{\sum_{j=1}^{n} \overline{W}_j} \ (i = 1, 2, \cdots, n) \tag{3-10}$$

（3）计算判断矩阵 U 的最大特征根：

$$\lambda_{\max} = \frac{1}{n} \sum_{i=1}^{n} \frac{\sum_{j=1}^{n} a_{ij} W_j}{W_i} \qquad (3\text{-}11)$$

(4) 一致性检验。计算"随机一致性比率"：

$$CR = \frac{CI}{RI} \qquad (3\text{-}12)$$

式中，CI 为一致性指标；RI 为随机一致性指标。

$$CI = \frac{\lambda_{\max} - n}{n - 1} \qquad (3\text{-}13)$$

式中，$\lambda_{\max}$ 为判断矩阵 U 的最大特征根；n 为 U 的阶数，它是衡量不一致程度的数量标准。

对于 1~9 标度判断矩阵，RI 值如表 3-11 所示。

表 3-11　随机一致性指标 RI 值

n	1	2	3	4	5	6	7	8	9
RI	0	0	0.52	0.89	1.12	1.26	1.36	1.41	1.46

当 CR<0.10 时，可以认为判断矩阵具有满意的一致性。否则，必须重新进行两两比较以调整判断矩阵中的元素，直至判断矩阵具有满意的一致性为止。通过层次分析法得到综合评价指标权重见表 3-12。

表 3-12　综合评价指标权重

目标	一级指标	权重	二级指标	权重
地下工程安全管理水平综合评价 A	人员 B1	0.227	决策层安全素质与安全技术能力 C11	0.285
			管理层安全素质与安全技术能力 C12	0.220
			操作层安全素质与安全技术能力 C13	0.106
			从业人员资格管理 C14	0.163
			人员劳动防护管理 C15	0.226
	机械 B2	0.181	大型施工机械设备安全控制 C21	0.453
			常用机械设备安全管理 C22	0.310
			施工机械可靠性检验与保养 C23	0.237
	材料 B3	0.115	材料进场质量验收 C31	0.500
			材料场内运转装卸 C32	0.250
			材料的存储与保护 C33	0.250
	管理 B4	0.200	安全生产责任制度及执行 C41	0.187
			安全生产资金保障制度及执行 C42	0.138

续表 3-12

目标	一级指标	权重	二级指标	权重
地下工程安全管理水平综合评价 A	管理 B4	0.200	安全教育培训制度及执行 C43	0.101
			安全检查制度及执行 C44	0.136
			安全生产事故应急管理制度及执行 C45	0.092
			安全管理机构 C46	0.208
			安全绩效考核 C47	0.138
	技术 B5	0.163	安全技术法规标准及操作流程 C51	0.431
			危险源管控 C52	0.318
			安全技术交底 C53	0.251
	环境 B6	0.114	安全标识与防护设施管理 C61	0.324
			天气变化应对能力 C62	0.231
			施工现场垃圾清运 C63	0.206
			现场工作基本条件 C64	0.239

3.4.2.2 综合评价计算方法

选用未确知测度进行施工安全管理水平综合评价：对某一对象进行多指标综合评价，若其指标具有较强的未确知性，则首先可进行单个指标未确知测度计算，即通过未确知测度理论构造单个指标的主观隶属函数，并运用函数对该指标不完整测量信息进行未确知测度计算；然后，进行多指标未确知测度计算，这时需要明确各指标相对于评价目标的权重，通过各指标权重与单指标未确知测度进行计算得出多指标综合未确知测度评价矩阵；最后对评价结果运用置信度方法进行识别，判断出对象的综合评价等级，具体评价程序见图 3-9。

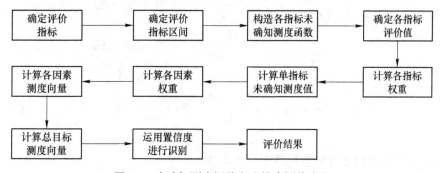

图 3-9 未确知测度评价方法综合评价流程

各综合评价指标均为极大型指标，即指标的评分值越大，则说明该指标安全状态越好，则对应混乱级（c_1）、简单级（c_2）、规范级（c_3）、量化级（c_4）、文

化级 (c_5) 的评分区间为 [0, 60)、[60, 70)、[70, 80)、[80, 90)、[90, 100]。

A 指标测度函数构造

用未确知集合描述"不确定性"现象时，关键在于构造合理的未确知测度函数。较为常用的未确知测度函数有：直线型分布、抛物线型分布、指数分布、正弦分布等。其中，直线型未确知测度函数是应用最广、最简单的测度函数，可操作性强，在各个领域方面均得到了广泛应用，故采用直线型未确知测度函数。

$$\mu_{ij1} = \mu(x \in c_1) = \begin{cases} 1 & x < 60 \\ \dfrac{65 - 2x}{10} & 60 \leq x < 65 \\ 0 & x \geq 65 \end{cases} \tag{3-14}$$

$$\mu_{ij2} = \mu(x \in c_2) = \begin{cases} 0 & x < 60 \text{ 或 } x \geq 75 \\ \dfrac{2x - 120}{10} & 60 \leq x < 65 \\ \dfrac{150 - 2x}{20} & 65 \leq x < 75 \end{cases} \tag{3-15}$$

$$\mu_{ij3} = \mu(x \in c_3) = \begin{cases} 0 & x < 65 \text{ 或 } x \geq 85 \\ \dfrac{2x - 130}{20} & 65 \leq x < 75 \\ \dfrac{170 - 2x}{20} & 75 \leq x < 85 \end{cases} \tag{3-16}$$

$$\mu_{ij4} = \mu(x \in c_4) = \begin{cases} 0 & x < 75 \text{ 或 } x \geq 90 \\ \dfrac{2x - 150}{20} & 75 \leq x < 85 \\ \dfrac{180 - 2x}{10} & 85 \leq x < 90 \end{cases} \tag{3-17}$$

$$\mu_{ij5} = \mu(x \in c_5) = \begin{cases} 0 & x < 90 \\ \dfrac{2x - 170}{10} & 85 \leq x < 90 \\ 1 & x \geq 90 \end{cases} \tag{3-18}$$

将该函数绘制于直角坐标系中，见图3-10。

B 单指标测度模型

邀请参与评价的专家有安全管理研究人员3名，质量监督站监督人员1名，施工单位安全管理人员2名，监理人员2名，建设单位安全管理人员2名，设计

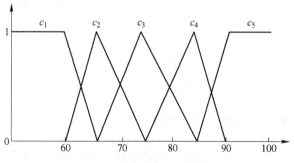

图3-10 极大型指标测度函数

单位人员1名，共发放11份专家评价问卷。对同一指标的评价得分做均值处理，可得出各二级指标的综合评分 x_{ij} ，将综合评分代入式（3-14）~式（3-18），可得到该二级指标的未确知测度值 μ_{ij1}、μ_{ij2}、μ_{ij3}、μ_{ij4}、μ_{ij5}，进而得出各一级指标 B_i 的未确知测度矩阵：

$$B_i = \begin{bmatrix} \mu_{i11} & \mu_{i12} & \mu_{i13} & \mu_{i14} & \mu_{i15} \\ \vdots & \vdots & \vdots & \vdots & \vdots \\ \mu_{ij1} & \mu_{ij2} & \mu_{ij3} & \mu_{ij4} & \mu_{ij5} \end{bmatrix} \tag{3-19}$$

根据其一级、二级指标的数量，式(3-19)应满足条件（$i = 1$，$j = 5$；$i = 2$，$j = 3$；$i = 3$，$j = 3$；$i = 4$，$j = 7$；$i = 5$，$j = 3$；$i = 6$，$j = 4$）。

C　多指标测度模型

根据已得出的二级指标权重 W_i 与单指标测度矩阵 B_i ，可利用式（3-20）得出各一级指标的未确知测度向量 A_i ：

$$A_i = W_i \cdot B_i \tag{3-20}$$

进而得到综合测度矩阵 A ：

$$A = \begin{bmatrix} A_1 \\ A_2 \\ A_3 \\ A_4 \\ A_5 \\ A_6 \end{bmatrix} = \begin{bmatrix} \mu_{11} & \mu_{12} & \mu_{13} & \mu_{14} & \mu_{15} \\ \mu_{21} & \mu_{22} & \mu_{23} & \mu_{24} & \mu_{25} \\ \mu_{31} & \mu_{32} & \mu_{33} & \mu_{34} & \mu_{35} \\ \mu_{41} & \mu_{42} & \mu_{43} & \mu_{44} & \mu_{45} \\ \mu_{51} & \mu_{52} & \mu_{53} & \mu_{54} & \mu_{55} \\ \mu_{61} & \mu_{62} & \mu_{63} & \mu_{64} & \mu_{65} \end{bmatrix} \tag{3-21}$$

最后由一级指标权重 ω 与 A 得出综合测度向量 μ ：

$$\mu = \omega \cdot A = \begin{bmatrix} \mu_1 & \mu_2 & \mu_3 \end{bmatrix} \tag{3-22}$$

D　置信度识别

对于有序评价空间，不适合采用"最大隶属度"识别准则，而应采用"置信度"识别准则。设 λ 为置信度（$\lambda \geqslant 0.5$，一般取 0.6 或 0.7），取 λ 值为 0.6，令

$$k_o = \min\left\{k: \sum_{k=1}^{3} \mu_k \geqslant \lambda, \ k = 1, 2, 3\right\} \tag{3-23}$$

则判定安全等级属于第 k_o 个等级。

3.4.3 施工安全管理水平综合评价结果

通过专家评分法，各位专家对二级指标评分的均值见表 3-13。

表 3-13 二级指标评价得分

二级指标	评价得分	二级指标	评价得分
C11	74.47	C43	72.32
C12	73.62	C44	74.49
C13	73.03	C45	70.33
C14	71.03	C46	73.57
C15	75.38	C47	72.36
C21	74.89	C51	74.21
C22	72.33	C52	74.52
C23	68.23	C53	74.36
C31	78.48	C61	74.45
C32	73.45	C62	72.67
C33	68.73	C63	72.21
C41	70.28	C64	73.27
C42	74.53		

将各二级指标的评价得分代入式（3-14）~式（3-18），可得到各一级指标的未确知测度矩阵如下：

$$\boldsymbol{B}_1 = \begin{bmatrix} 0 & 0.05 & 0.95 & 0 & 0 \\ 0 & 0.14 & 0.86 & 0 & 0 \\ 0 & 0.20 & 0.80 & 0 & 0 \\ 0 & 0.40 & 0.60 & 0 & 0 \\ 0 & 0 & 0.96 & 0.04 & 0 \end{bmatrix}; \quad \boldsymbol{B}_2 = \begin{bmatrix} 0 & 0.01 & 0.99 & 0 & 0 \\ 0 & 0.27 & 0.73 & 0 & 0 \\ 0 & 0.68 & 0.32 & 0 & 0 \end{bmatrix};$$

$$\boldsymbol{B}_3 = \begin{bmatrix} 0 & 0 & 0.65 & 0.35 & 0 \\ 0 & 0.16 & 0.85 & 0 & 0 \\ 0 & 0.63 & 0.37 & 0 & 0 \end{bmatrix}; \quad \boldsymbol{B}_4 = \begin{bmatrix} 0 & 0.47 & 0.53 & 0 & 0 \\ 0 & 0.05 & 0.95 & 0 & 0 \\ 0 & 0.27 & 0.73 & 0 & 0 \\ 0 & 0.05 & 0.95 & 0 & 0 \\ 0 & 0.47 & 0.53 & 0 & 0 \\ 0 & 0.14 & 0.86 & 0 & 0 \\ 0 & 0.26 & 0.74 & 0 & 0 \end{bmatrix}$$

$$\boldsymbol{B}_5 = \begin{bmatrix} 0 & 0.08 & 0.92 & 0 & 0 \\ 0 & 0.05 & 0.95 & 0 & 0 \\ 0 & 0.06 & 0.94 & 0 & 0 \end{bmatrix}; \quad \boldsymbol{B}_6 = \begin{bmatrix} 0 & 0.05 & 0.95 & 0 & 0 \\ 0 & 0.23 & 0.77 & 0 & 0 \\ 0 & 0.28 & 0.72 & 0 & 0 \\ 0 & 0.17 & 0.83 & 0 & 0 \end{bmatrix}$$

根据表 3-12 中各一级指标下二级指标的权重确定权重向量，将各权重向量与一级指标未确知测度矩阵，代入式（3-20）进行计算，得到各一级指标的未确知测度向量：

$\boldsymbol{A}_1 = \boldsymbol{W}_1 \cdot \boldsymbol{B}_1 = [0 \quad 0.13 \quad 0.86 \quad 0.01 \quad 0]$；$\boldsymbol{A}_2 = \boldsymbol{W}_2 \cdot \boldsymbol{B}_2 = [0 \quad 0.25 \quad 0.75 \quad 0 \quad 0]$；
$\boldsymbol{A}_3 = \boldsymbol{W}_3 \cdot \boldsymbol{B}_3 = [0 \quad 0.20 \quad 0.63 \quad 0.18 \quad 0]$；$\boldsymbol{A}_4 = \boldsymbol{W}_4 \cdot \boldsymbol{B}_4 = [0 \quad 0.24 \quad 0.76 \quad 0 \quad 0]$；
$\boldsymbol{A}_5 = \boldsymbol{W}_5 \cdot \boldsymbol{B}_5 = [0 \quad 0.07 \quad 0.93 \quad 0 \quad 0]$；$\quad \boldsymbol{A}_6 = \boldsymbol{W}_6 \cdot \boldsymbol{B}_6 = [0 \quad 0.17 \quad 0.83 \quad 0 \quad 0]$

由此，可得出综合测度矩阵 $\boldsymbol{A}$：

$$\boldsymbol{A} = \begin{bmatrix} 0 & 0.13 & 0.86 & 0.01 & 0 \\ 0 & 0.25 & 0.75 & 0 & 0 \\ 0 & 0.20 & 0.63 & 0.17 & 0 \\ 0 & 0.24 & 0.76 & 0 & 0 \\ 0 & 0.07 & 0.93 & 0 & 0 \\ 0 & 0.17 & 0.83 & 0 & 0 \end{bmatrix}$$

进而得出综合测度向量：

$$\boldsymbol{\mu} = \boldsymbol{W} \cdot \boldsymbol{A} = [0 \quad 0.18 \quad 0.80 \quad 0.02 \quad 0]$$

最后进行置信度识别，由式（3-23）可知，当 $K_o = 3$ 时，有 $0+0.18+0.80 = 0.98 > \lambda = 0.6$，因此可判定该工程施工安全管理水平为规范级，则不进行施工安全管理水平级报警。

3.4.4 施工安全管理水平改进策略制定

通过各二级指标评价得分可知部分指标处于简单级，所以还需进行指标改进。首先，计算各二级指标相对于评价目标的综合权重，通过各二级指标的权重与其对应一级指标权重相乘可得。

首先对该项目二级指标中，处于混乱级、简单级的指标进行改进，根据施工安全管理优先改进坐标体系可知，指标改进的优先级排序为施工机械可靠性检验与保养 $C23$、材料的存储与保护 $C33$，如图 3-11 所示。

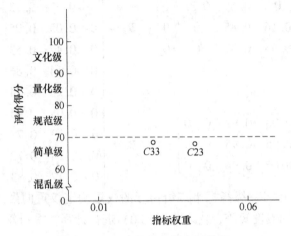

图 3-11 不合格指标优先级排序

然后对该项目二级指标中，处于临界状态的指标进行改进，根据施工安全管理优先改进坐标体系可知，指标改进的优先级排序为常用机械设备安全管理 $C22$、从业人员资格管理 $C14$、安全生产责任制度及执行 $C41$、安全绩效考核 $C47$、施工现场垃圾清运 $C63$、安全教育培训制度及执行 $C43$、安全生产事故应急管理制度及执行 $C45$，如图 3-12 所示。

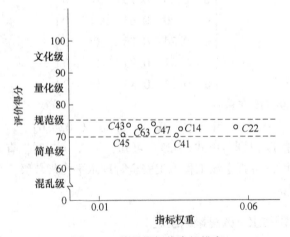

图 3-12 临界指标优先级排序

4 基坑工程施工安全技术预警系统

随着城市建设的发展，土地资源越来越紧缺，建设工程形成往高度和深度上发展的趋势。城市建设的发展，带动了地下空间的开发利用，使基坑工程的数量、规模、施工难度不断增大。

基坑工程本就是高风险工程，施工过程中土体性状和支护结构的受力状态随着施工工况不断变化，且高层建筑和地下结构工程多建在既有建筑物密集、地下管线纵横交错的集中区域、施工场地狭窄且周边环境复杂，对环境的保护要求高，给这些深基坑工程的设计和施工带来极大的困难。基坑工程事故的破坏性巨大，事故处理费用往往是基坑工程本身的数倍，多危及周边人员的生命及财产安全，造成巨大的社会负面影响，因此基坑工程事故的安全预防工作十分重要。

4.1 基坑工程施工方法概述

基坑工程是指为保证基坑施工、主体地下结构的安全和周边环境不受损害而采取的支护、降水、土方开挖与回填等措施，包括勘察、设计、施工、监测和检测等内容，具有高风险、区域性、个体独特性等特点。地下建筑工程施工主要有顺作法、逆作法两种基本形式。

4.1.1 基坑工程施工方法

基坑工程的施工方法包括顺作法与逆作法。顺作法施工的基本流程为先施工周边围护结构，然后由上而下开挖土方并设置支撑，挖至坑底后，再由下而上施工主体结构，并按一定顺序拆除支撑的过程。顺作法施工的关键工序为降低地下水位、边坡支护、土方开挖、结构施工及防水工程等。其中基坑支护是确保安全施工的关键技术，主要有放坡开挖、型钢支护、地下连续墙支护、混凝土灌注桩支护、桩锚支护等。逆作法是先沿建筑物地下室轴线或周围施工地下连续墙或其他支护结构作为基坑围护，同时在建筑物内部有关位置浇筑或打下中间支承桩和柱，作为施工期间与底板封底之前承受上部结构自重和施工荷载的支撑；然后施工地面一层的梁板楼面结构，作为地下连续墙的横向支撑体系，随后逐层向下开挖土方和浇筑各层地下结构，直至底板封底。顺逆作法施工特点见表 4-1。

表 4-1　顺作法与逆作法施工特点

施工方法	优　点	缺　点	适用范围
顺作法	（1）施工简单、工艺成熟、安全经济； （2）支护结构体系与主体结构相对独立，设计与施工均比较便捷	（1）需基坑工程施工完后才能施工主体结构，施工工期长； （2）对周围环境影响大，需要做好支护结构，防止土体坍塌	（1）场地开阔的项目； （2）工期充足的项目
逆作法	（1）大量减少临时支护结构的使用，节约资源，节省成本； （2）可以缩短施工的总工期； （3）逆作法施工基坑变形小，对周边环境影响小	（1）垂直构件续接施工技术复杂； （2）施工技术要求高； （3）逆作法设计和主体结构设计关联大，受主体结构设计进度的影响	（1）基坑周边环境条件复杂，且对变形敏感的项目； （2）施工场地紧张； （3）工期进度要求高时，可采用逆作法施工缩短总工期

对于某些施工条件复杂或具有特别技术经济性要求的基坑，采用单纯的顺作法或逆作法均难以同时满足技术、经济、工期、环境保护等多方面的要求。为满足以上要求，多采用顺逆结合的施工方法。

4.1.2　基坑支护

基坑支护是为保证地下结构施工及基坑周边环境的安全，对基坑侧壁及周边环境采用的支挡、加固与保护措施，在地下建筑工程施工中占据十分重要的地位。城市基坑工程中常用的基坑支护有钢板桩、混凝土桩、地下连续墙等支护形式，支撑类型分为内支撑与锚拉两种形式。内支撑包括钢支撑、混凝土支撑、钢支撑和混凝土支撑组合以及支撑立柱。每种支护结构都有其自身特点和适用范围，部分常用支护结构的特点总结见表 4-2。

顺作法一般根据基坑地质条件，周边环境等可选取放坡开挖、土钉墙支护、支撑式结构等支护形式。逆作法施工则主要是以梁板结构作为支撑体系，以地下连续墙或其他围护结构作为围护体系。

表 4-2　基坑工程支护结构类型

结构类型	优　点	缺　点	适用范围
放坡开挖	施工难度小、造价低	土方工程量较大，对当地的环境产生不利影响	土质较好、深度较浅、周边无重要建（构）筑物的工程

结构类型		优　点	缺　点	适用范围
土钉墙支护结构		稳定可靠、施工简便且工期短、效果较好、经济性好	土质不好地区、滑动面内有建筑物、地下管线时不宜采用	主要用于土质较好地区
支挡式结构	锚拉式结构	自身结构简单、而整体刚度大，对基坑内部施工影响较小	对场地环境与地下空间要求较高	适用于较深的基坑
	支撑式结构	刚度大、变形小、安全可靠性强	现浇钢筋混凝土施工工期长，拆除困难，而钢支撑施工工艺要求高	适用于较深的基坑
	支护结构与主体结构结合（逆作法）	稳定可靠、工期短	施工比较复杂	适用于基坑周边环境条件复杂的深基坑

4.2　基坑工程施工安全风险

基坑工程安全风险与诸多因素有关，如支护结构，水文地质条件、周边环境等。其风险可分为两类：一类是由于设计、施工、监测、管理等原因造成的基坑自身支护体系的破坏，从而导致工程支护体系产生较大变形或失稳、基坑坍塌、土体面滑坡等自身安全事故；另一类是由于城市地下建筑工程大多在已经开发的区域，周边存在既有建筑、道路、电缆、管道，甚至地铁、桥梁等，施工环境复杂，基坑施工扰动土体引起地面塌陷，进而造成邻近建（构）筑物不均匀沉降开裂、道路隆沉、管道破坏、电缆断裂等周边安全事故。通过实地调研、专家访谈，总结出基坑工程施工常见的安全事故并对其原因进行梳理，基坑工程自身常见的安全事故汇总见表 4-3，基坑工程周边常见安全事故见表 4-4。

表 4-3　基坑工程自身常见安全事故

支护结构	安全事故	示意图	原　因	特　征
放坡开挖	土体滑坡		主要是深基坑分层放坡开挖不符合要求，可能由于放坡较陡、降雨或其他原因引起	基坑内先期施工的支撑及立柱产生偏移，甚至基坑失稳

支护结构	安全事故	示意图	原　因	特　征
支挡式结构	整体失稳		支护体系设置不合理，锚杆失效，不足以抵挡基坑侧向土压力，致使土体沿着围护墙体形成圆弧滑移面或因软弱夹层的存在进而引起整体滑动失稳	墙顶部向基坑外位移，墙底部向基坑内位移，底部位移相对较大。坑底土体由于受到围护结构挤压，坑底隆起，坑外地面塌陷
	围护结构破坏		超量挖土、支撑架设不及时、支撑数量没有达到设计要求；支撑体系不当或围护结构不闭合；结构节点处理不当，或因局部失稳而引起整体破坏，尤其是钢支撑体系中节点较多，加工与安装质量不易控制	围护结构应力过大而折断或支撑轴力过大而破坏、产生危险的大变形，致使结构失去了承载能力的破坏模式；同时由于围护结构变形挤压墙前土体，使坑底产生隆起
	坑底隆起破坏		随着基坑内外的高差不断增大，到达一定深度后，基坑内外高差所形成的加载条件和各种地面超载作用使围护结构和围护墙外侧土体在不平衡力的作用下向基坑内移动，对坑内土体产生侧向推挤，使坑底由弹性隆起发展为塑性隆起	坑底隆起量较大，基坑底板发生裂缝；围护结构底部向基坑内位移较大；当坑底隆起量较大时，也可能引起周围土体沉降量过大，导致周围结构物破坏
	踢脚破坏		当围护结构嵌固深度不够、坑底土质差、超载等，被动土压力小，会造成支护结构踢脚失稳破坏	围护结构上部向坑外位移，围护结构的下部向上翻，坑底两侧土体隆起，当围护结构嵌固深度不够或坑底土质差、被动土压力小时，会导致基坑墙后土体推动围护结构底部向基坑内产生位移

续表4-3

支护结构	安全事故	示意图	原　因	特　征
支挡式结构	倾覆破坏		基坑临边超载、施工机械行走、地下水变化等引起墙后土压力增加，或桩后积水并发生渗流，水压力加大等；支撑设计强度不够，支撑架设不及时；坑内滑坡；围护结构自由面过大，使已加支撑轴力过大；外力撞击；基坑外注浆、打桩、偏载造成不对称变形等	基坑本体主要是围护结构顶部向基坑内位移较大；同时由于围护结构变形挤压墙前土体，使坑底产生隆起
土钉墙	整体滑移	O 破坏面中心	土钉设计值较长，但地基土条件较差时，致使土体沿着基坑下层土体发生整体滑移破坏	基坑侧壁土体坑顶前端沉降很小而后面1~2倍基坑深度范围内土体位移很大，坑底土体出现隆起现象，基坑喷锚面则相对比较完整，土钉不会被拔出
	土钉剪切破坏	滑动区 最危险滑动面 滑裂面过部分土钉	土钉的总体抗拉或抗拔能力不够，不足以抵挡基坑侧向土压力，其次是抗弯、抗剪能力不够	在滑裂面上，土钉的拉力达到最大，当土钉与土体的摩擦力不够时，土钉将被拉出；当土钉钢筋抗拉强度不够，土钉被拉断破坏
透水	基坑围护结构渗漏	漏空成洞穴 向坑内涌砂	在饱和含水地层（尤其是指砂层、粉砂层以及其他具有良好透水性的地层），由于围护结构的止水不到位或止水帷幕的失效等，致使大量的泥水砂粒涌入基坑	基坑围护结构后形成洞穴，围护结构向地面塌陷一侧翻转，墙顶部位移相对增加较大，基坑左右两侧墙体均向产生空洞一侧倾斜；对于周围环境主要是墙后土体流失，进而引发地面坍塌、楼房倾倒等事故

续表 4-3

支护结构	安全事故	示意图	原 因	特 征
透水	坑底管涌		在含水粉砂层中开挖基坑时、在不采取降水措施或井点降水失效时，以及围护结构嵌固深度不够时，坑底土不能抵抗渗水压力，在围护结构根部附近产生管涌，严重时会导致基坑失稳	基坑围护结构根部附近产生坑底隆起破坏，同时有涌水涌砂现象；围护结构底部向基坑内位移较大，伴随有墙体顶部产生朝向坑外的位移
	坑底突涌破坏		有承压水的时候，对承压水的降水措施不到位，在隔水层中进行基坑开挖时，由于基坑底部土层无法承受来自含水层的水头压力时，引起地下水冲破地面导致坑底突涌破坏	基坑底部整体或中部产生隆起破坏，伴随有涌水涌沙现象

表 4-4　基坑工程施工周边环境安全事故

安全事故	示意图	原 因	特 征
建筑物倾斜		因为基坑降水措施不到位、支护体系设计或施工不合理、施工开挖方案不合理、未按要求施工等可能造成基坑围护结构变形过大、周边地表不均匀沉降，从而导致周边建（构）筑物、道路、管线等不均匀沉降引起开裂、倾斜等事故	周边环境不均匀沉降，导致周边建筑物加速沉降或水平位移加大发生倾斜、开裂等
地下管线破裂			周边地层差异沉降，使管线水平位移、垂直位移差异增大，最终导致管线出现拉断破坏、剪断破坏等
道路沉陷			周边地层差异沉降，导致周边道路发生开裂、起拱破坏

4.3 基坑工程施工安全风险防控措施

对基坑工程施工安全存在的风险应做好相应的预防控制措施，主要通过勘察、设计、施工的规范性与合理性进行预防，避免相关危险源的出现，从源头实现安全风险的事前主动控制。针对基坑工程常见的安全事故及风险源给出了如下安全风险防控措施。

4.3.1 土体滑坡防控措施

（1）土方开挖前，技术人员、设计人员应到现场观察实际地质条件和地下水情况，查看与勘测结果是否一致，若不一致则应对基坑开挖方案、支护方案进行修改。

（2）基坑开挖过程中，必须按设计要求分层开挖，严格控制土方开挖速度、分层厚度以及放坡坡度。采用支护结构的基坑工程，应在土方开挖后及时架设支撑，防止土体坍塌。

（3）基坑土方开挖时，禁止在基坑周边计算滑移线内设置车辆拉运土方道路或在该范围内超负荷堆载。

（4）放坡开挖中一定要做好排水工作，基坑周边地面宜作硬化或防渗处理。若坡顶地面没有硬化，排水沟应该尽可能远离坡顶边线，防止水渗入滑动土体。坡顶和坡脚砌筑排水沟对雨水进行疏干引导，防止雨水长期浸泡坑底土层，破坏土体结构，导致土体失稳。

4.3.2 坑底隆起、突涌防控措施

（1）土方开挖前，应结合当地水文地质条件，采取合适的降水措施降低地下水位。各降水井井位应沿基坑周边以一定间距形成闭合状。

（2）基坑内的设计降水水位应低于基坑底面 0.5m，基坑施工前，应确保地下水位达到设计要求后方可进行土方开挖，并应在施工过程中，严格控制地下水位，做好地下水位的监测工作。

（3）当基坑降水引起的地层变形对基坑周边环境产生不利影响时，宜采用回灌方法减少地层变形量。明沟、集水井、沉淀池使用时应排水通畅。

4.3.3 支护结构破坏防控措施

（1）每段开挖到下层支撑标高后，应尽早安装支撑，并施加预加轴力；从开挖结束到支撑安装及预加轴力完成的时间，应根据土层的物理力学性质确定，防止支护不及时导致支护结构破坏。如果下层土层为软弱土，土层对围护结构的被动土压力小，时间过长不利于支护结构的稳定，时间限制应控制在 24h 之内。

当该段支撑安装及预加力完成后，方能进行下一段开挖。

（2）支护结构的强度设计值，锚杆、土钉、围护桩墙等嵌固深度应满足相应规范的要求，按标准施工。合理选择预警指标，制定监测方案，对支护结构的内力、变形进行监测，若内力监测值未达到设计要求需调整支护方案，对支护结构进行加强处理。

（3）当基坑开挖面上方的锚杆、土钉、支撑未达到设计要求时，严禁向下超挖土方。对采用预应力锚杆的支护结构，应在施加预加力后，方可开挖下层土方；对土钉墙，应在土钉、喷射混凝土面层的养护时间大于 2d 后，方可开挖下层土方。开挖时，挖土机械不得碰撞或损坏锚杆、腰梁、土钉墙墙面、内支撑及其连接件等构件，不得损坏已施工的基础桩。

4.3.4　周边环境安全风险防控措施

（1）基坑工程施工前，应对基坑周边建筑物、地下管线、地下障碍物、地下设施等详细调查，制定适当的预防保护措施。

（2）土方应顺序开挖，禁止盲目超挖。基坑工程施工过程中应加强对周边建（构）筑物的监测，发现问题及时分析原因并解决。

（3）若邻近基坑的建筑基础底面标高高于新开挖基坑或周边管线出现渗漏、管沟积水等情况应制定相应的加固措施，完成加固后再对基坑土方开挖。

（4）基坑工程施工中应严格控制承压水水位，一般地下水位应控制在坑底的 0.5~1m 左右，禁止超降。同时在降排水时，要注意观察深基坑外边的水位情况，如果水位下降的太快，应及时检查是否出现漏水，通过注浆，进行堵漏。

安全风险预防控制措施的实施能有效降低基坑工程施工风险，保证工程质量。其中基坑工程施工的预警监测是基坑工程风险管理的重要手段，通过实时的基坑监测，能反映出基坑所处的状态，及时掌握反映基坑安全各预警指标的变化趋势，并做出相应的控制措施，预防事态的进一步发展，引发实质性破坏。

4.4　基坑工程施工安全技术预警方法

4.4.1　基坑工程施工安全技术预警指标及监测方案

4.4.1.1　基坑类别确定

基坑工程的预警监测工作应首先考虑基坑自身的规模、开挖深度、周边环境，目前基坑类别的划分按照现行国家标准《建筑地基基础工程施工质量验收规范》（GB 50202—2002）分为三级。一级基坑：（1）为重要工程或支护结构做主体结构的一部分；（2）开挖深度大于 10m；（3）与邻近建筑物，重要设施的距离在开挖深度以内的基坑；（4）基坑范围内有历史文物、近代优秀建筑、重要管线需严加保护的基坑。三级基坑：开挖深度小于7m，且周围环境无特别要求的基坑。二级基坑是除一级和三级外的基坑。

4.4.1.2 监测范围界定

确定监测范围是保证监测工作质量的前提，监测范围过大，费时费力，造成不必要的浪费，而监测范围过小则达不到监测预警的目的，因此制定监测方案时确定合适的监测范围十分重要。由于地质条件的复杂性，目前基坑周边环境的监测范围尚没有统一明确的界定，但在相关规范中给出了监测范围的参考标准。如《建筑基坑工程监测技术规范》(GB 50497—2009) 中规定：从基坑边缘以外1~3倍基坑开挖深度范围内需要保护的周边环境应作为监测对象，必要时尚应扩大监测范围；上海市《基坑工程施工监测规程》(DG/TJ 08—2001—2006) 规定，监测范围宜达到基坑边线以外2倍以上基坑深度，并符合工程保护范围的规定，或按工程设计要求确定。

实际工程中监测范围的确定，有本地区标准的宜参考本地区标准，无本地区标准的可参考国家标准《建筑基坑工程监测技术规范》(GB 50497—2009)，然后结合实际工程的水文地质条件、基坑周边环境、本地区的工程经验综合确定。

随着城市建设的发展，基坑越来越大、越来越深，为规范化监控并清晰描述基坑监测预警发现的问题，建议对基坑监测范围进行监控分区。如矩形基坑可按四个侧壁、坑底、四个基坑周边区域进行分区，具体的分区方式应结合基坑的大小、工程复杂程度以及监测要求等设置。

4.4.1.3 基坑工程施工安全技术预警指标体系

A 安全事故及预警指标

通过基坑工程安全事故的分析可知：(1) 围护桩墙或边坡顶部水平位移的监测是确定基坑围护体系变形和受力的重要监测手段，从上述基坑工程施工安全风险的分析可以看出，大部分基坑安全事故发生前在围护结构顶部水平位移上都有所体现；(2) 支撑立柱的竖向位移对支撑轴力的影响很大，立柱竖向位移的不均匀沉降会引起支撑体系各点在垂直面与水平面的差异位移，最终引起支撑产生较大的次应力，若立柱间或立柱与围护墙间有较大的沉降差，就会导致支撑体系失稳，引发安全事故；(3) 围护体系内力监测是防止基坑支护结构发生强度破坏的一种可靠的监控措施；(4) 通过对地下水位的监测，可以控制周边地下水位下降的影响范围和程度，防止基坑周边水土流失；(5) 基坑工程的施工会引起周边地表的下沉，从而导致周边建筑物、地下管线产生不均匀沉降引起建筑、管线的倾斜、开裂，因此需对周边建筑和管线进行沉降、倾斜、开裂的监测。

因此，可通过对基坑土体、地下水位、围护结构、周边环境的监测，综合判断基坑的安全状态，从而指导基坑工程施工并达到安全预警的目的。基于现行相关标准规范，通过文献分析、专家访谈、数据分析，对基坑工程自身及周边常见安全事故发生时变化较为明显的预警指标进行归纳，见表4-5、表4-6。

表4-5 基坑工程自身常见安全事故参考预警指标

常见安全事故			参考预警指标
支护结构类型	放坡开挖	土体滑坡	边坡顶部水平位移
			边坡顶部竖向位移
	支挡式结构	围护结构折断失稳；围护结构整体滑移失稳；围护结构倾覆；围护结构踢脚破坏	围护结构顶部水平位移
			围护结构顶部竖向位移
			深层水平位移
			基坑底部隆起（回弹）
			围护墙内力
			围护墙侧向土压力
			支撑内力
			立柱竖向位移
			锚杆内力
			周边地表竖向位移
		坑底隆起破坏	基坑底部隆起（回弹）
	土钉墙	剪切破坏	围护墙（边坡）水平位移
			围护墙（边坡）竖向位移
			土钉内力
		整体滑移	围护墙（边坡）水平位移
			围护墙（边坡）竖向位移
			基坑底部隆起（回弹）
			周边地表竖向位移
	透水	基坑围护结构渗漏	围护结构顶部水平位移
			围护结构顶部竖向位移
			孔隙水压力
			地下水位变化
			深层水平位移

常见安全事故		参考预警指标
透水	坑底管涌	围护墙（边坡）顶部水平位移
		深层水平位移
		围护结构根部附近坑底隆起（回弹）
		地下水位变化
	坑底突涌破坏	围护墙（边坡）顶部竖向位移
		基坑底部隆起（回弹）
		土压力
		地下水位变化

表 4-6　基坑工程周边环境常见安全事故参考预警指标

常见安全事故	参考预警指标
建筑倾斜、裂缝	周边建筑水平位移
	周边建筑竖向位移
	建筑裂缝宽度
	周边建筑倾斜
地下管线开裂	竖向位移
	水平位移
	差异沉降
道路沉陷	周边地表竖向位移
	周边地表裂缝宽度
桥梁变形开裂	墩台竖向位移
	墩台差异沉降
	墩柱倾斜
	梁板应力
	裂缝宽度
既有隧道变形过大	隧道结构竖向位移
	隧道结构水平位移
	隧道结构变形缝差异沉降
	轨道结构（道床）竖向位移
	轨道静态几何形位（轨距、轨向、高低、水平）
	隧道、轨道结构裂缝
既有铁路变形过大	路基竖向位移
	轨道静态几何形位（轨距、轨向、高低、水平）

B　基坑工程施工安全预警指标体系

在基坑工程施工安全预警指标体系构建时，所选的预警指标应有代表性、全面性，能够反映基坑安全稳定的状态，同时数量适宜且有实际可行性。具体可依据现行标准规范、基坑等级、水文地质条件、施工方案、周边环境的复杂程度，会同业内专家、建设单位、设计单位、施工单位综合确定。

现行标准《建筑基坑工程监测技术规范》(GB 50497—2009)中针对不同的基坑等级给出了基坑自身与周边建筑、道路、管线的安全预警指标体系确定方法，见表4-7。周边既有桥梁、隧道、铁路的安全预警指标可参考《城市轨道交通检测技术规程》(GB 50911—2013)中相关规定，结合工程实际确定。此外，基于上海市地方标准《基坑工程技术规范》(DG.TJ08—61—2010)的规定，逆作法施工时，结构梁板作为基坑的水平支撑体系，必须保证其内力在允许范围内，因此除应满足一级板式围护体系监测要求外，尚应增加结构梁板体系内力监测和立柱、外墙竖向位移监测。因此，基坑工程若采用逆作法，还应增加围护体系裂缝、梁板内力、立柱与墙垂直位移三项预警指标。

表4-7 预警指标选取参考标准

风险类型	预警指标	基坑类别		
		一级	二级	三级
基坑工程自身安全风险	围护墙侧向土压力	宜测	可测	可测
	土体分层竖向位移	宜测	可测	可测
	地下水位	应测	应测	应测
	孔隙水压力	宜测	可测	可测
	基坑周围地表竖向位移	应测	应测	宜测
	基坑底部隆起回弹	宜测	可测	可测
	围护墙（边坡）顶部水平位移	应测	应测	应测
	围护墙（边坡）顶部竖向位移	应测	应测	应测
	深层水平位移	应测	应测	宜测
	围护墙内力	宜测	可测	可测
	支撑内力	应测	宜测	可测
	立柱内力	可测	可测	可测
	锚杆内力	应测	宜测	可测
	土钉内力	宜测	可测	可测
	支撑立柱竖向位移	应测	宜测	宜测
周边环境安全风险	周边建（构）筑物竖向位移	应测	应测	应测
	周边建（构）筑物水平位移	应测	宜测	可测
	周边建（构）筑物倾斜	宜测	宜测	可测
	周边建（构）筑物、地表裂缝	应测	应测	应测
	周边管线变形	应测	应测	应测

C 巡视检查

基坑工程除需对上述预警指标进行监测外还需对基坑支护结构、施工工况、监测设施以及周边环境进行巡视检查。将仪器监测结果与巡视检查结果进行综合分析，更全面地反映基坑的真实状况。

巡视检查的主要工作：（1）支护结构的检查主要是支护结构有无较大变形；冠梁、围模、支撑有无裂缝，止水帷幕有无开裂、渗漏，墙后土体有无裂缝、沉陷及滑移等内容；（2）基坑施工工况主要是开挖的土质情况与岩土勘察报告有无差异，场地地表水、地下水排放状况是否正常，基坑降水、回灌设施是否运转正常，基坑周边地面有无超载等情况；（3）监测设施的检查主要是基准点、监测点完好状况，监测元件的完好及保护情况以及有无影响观测工作的障碍物；（4）周边环境的检查包括周边管道有无破损、泄漏情况，周边建筑有无新增裂缝出现，周边道路（地面）有无裂缝、沉陷等内容。

4.4.1.4 预警指标监测点的布设

基坑工程基坑监测点的布置直接影响着基坑监测的质量，布置时应充分考虑基坑工程的安全等级、支护结构的类型、位置以及基坑尺寸等因素，使布置的监测点能有效地监测出基坑的变形趋势。以《建筑基坑工程监测技术规范》（GB50497—2009）为基础，参考《基坑工程施工监测规程》（DG/TJ08-2001—2006）对逆作法施工中立柱、结构梁、板等的监测做出补充（表中第7、21、22、23项），列出了不同监测项目基坑监测点的设置方式，包括各监测项目基坑监测点的布设位置、间距、测点数量等内容，见表4-8。

表4-8 基坑工程预警指标监测点设置

序号	监测项目	监测点	测点间距	测点数
1	围护墙（边坡）顶部水平位移	沿基坑周边布置、周边中部阳角	不大于20m	不少于3个
2	围护墙（边坡）顶部竖向位移	沿基坑周边布置、周边中部阳角	不大于20m	不少于3个
3	深层水平位移	基坑周边中部、阳角处、有代表性的部位	20~50m	每边不少于1个
4	立柱竖向位移	基坑中部、多根支撑交汇处、地质条件复杂处立柱，坑底以上各立柱下部的1/3部位	—	不少于立柱总数的5%、逆作法施工不少于10%且不少于3根

续表 4-8

序号	监测项目	监测点	测点间距	测点数
5	围护墙内力	受力变形较大部位	水平间距自定、竖向间距 2~4m	监测点数量视情况自定
6	支撑内力	(1) 支撑内力较大或在支撑系统中起控制作用的杆件; (2) 钢支撑的监测截面宜选择在两支点间 1/3 部位或支撑的端头;混凝土支撑的监测截面宜选择在两支点间 1/3 部位,并避开节点位置	—	每层支撑测点不少于3个
7	立柱内力	监测点宜布置在受力较大的立柱上,每个截面内传感器不少于4个,测点宜布置在坑底以上立柱长度的 1/3 部位	视情况而定	视情况而定
8	锚杆内力	基坑每边中部、阳角处和地质条件复杂的区段设置在锚头附件	—	该层锚杆总数的 1%~3%,且不少于3根
9	土钉内力	基坑每边中部、阳角处和地质条件复杂的区段	视情况而定	视情况而定
10	坑底隆起(回弹)	监测点宜按纵向或横向剖面布置,剖面宜选择在基坑的中央以及其他能反映变形特征的位置	同一剖面横向间距 10~30m	不少于3个
11	围护墙侧向土压力	受力、土质条件变化较大或其他有代表性的部位	竖向布置上间距 2~5m	平面布置上基坑每边不少于2个
12	孔隙水压力	基坑受力、变形较大或有代表性的部位	竖向间距 2~5m	不少于3个
13	地下水位	(1) 深井降水:基坑中央和两相邻降水井的中间部位; (2) 轻型井点、喷射井点:基坑中央和周边拐角处	视情况而定	视情况而定
14	土体分层竖向位移	被保护对象且有代表性部位	视情况而定	视情况而定
15	周边地表竖向位移	坑边中部或有代表性部位	—	每个监测剖面不少于5个
16	周边建筑竖向位移	建筑四角、沿外墙每 10~15m 处或每隔 2~3 根柱基上	—	每侧不少于3个

续表 4-8

序号	监测项目	监测点	测点间距	测点数
17	周边建筑倾斜	建筑角点、变形缝两侧的承重柱或墙上	沿主体顶部、底部上下对应布设，上、下监测点应布置在同一竖直线上	—
18	周边建筑水平位移	建筑的外墙墙角、外墙中间部位的墙上或柱上、裂缝两侧以及其他有代表性的部位	视情况而定	每侧不少于3个
19	周边建筑、地表裂缝	有代表性的裂缝以及原裂缝增大或新出现裂缝	裂缝最宽处和末端处	每条裂缝不少于2个
20	周边管线变形	管线的节点、转角点和变形曲率较大部位	平面间距为15~25m	—
21	结构梁板内力	（1）监测断面应选在结构楼板中出现弯矩极值的部位； （2）兼作栈桥和行车通道的首层结构楼板应适当布置监测点； （3）各层楼板上分别选择几处布设楼板应力监测点，每处设置2个呈正交形状的应力计； （4）开口边梁跨中及支座处应布设应力监测点	视情况而定	视情况而定
22	立柱、外墙垂直位移	（1）监测点应布置在立柱受力、变形较大和容易发生差异沉降的部位，例如基坑中部、多根梁交汇处、地质条件复杂处； （2）兼作施工栈桥和行车通道用途的结构楼板处的立柱应布点； （3）不同结构类型的立柱宜分别布点； （4）对于基坑中多个梁交汇、受力复杂处的立柱应作为重点监测，且宜配套测量其应力值； （5）有承压水风险的基坑工程，应增加监测点的数量	视情况而定	不宜少于立柱总根数的20%，且应不少于5根
23	围护体系裂缝	当围护体出现肉眼可见的裂缝时，宜及时布置监测点，监测点宜布置在裂缝中部和两端	视情况而定	视情况而定

4.4.1.5 监测频率

基坑工程监测工作贯穿于基坑工程施工的全过程。监测期应从基坑工程施工前开始，直至地下工程完成为止，对有特殊要求的基坑及周边环境的监测应根据需要延续至变形趋于稳定。

监测频率的确定既要能系统反映监测对象的变化过程，又要不遗漏重要变化时刻。因此，应随着工程的进程根据实际情况调整监测频率，如监测值相对稳定时，可在建设单位、设计单位同意后适当降低监测频率；监测值发生异常变化时，应增大监测频率。若出现下列紧急情况则应提高监测频率：（1）监测数据达到报警值；（2）监测数据变化较大或者速率加快；（3）存在勘察未发现的不良地质；（4）超深、超长开挖或未及时加撑等违反设计工况施工；（5）基坑及周边大量积水、长时间连续降雨、市政管道出现泄漏；（6）基坑附近地面荷载突然增大或超过设计限值；（7）支护结构出现开裂；（8）周边地面突发较大沉降或出现严重开裂；（9）邻近建筑突发较大沉降、不均匀沉降或出现严重开裂；（10）基坑底部、侧壁出现管涌、渗漏等现象；（11）基坑工程发生事故后重新组织施工；（12）出现其他影响基坑及周边环境安全的异常情况。

《建筑基坑工程监测技术规范》（GB 50497—2009）中给出了不同深度、不同施工阶段基坑工程施工安全监测频率的参考标准，见表4-9。

表4-9　基坑工程施工安全监测频率

基坑类别	施工进程		基坑设计深度			
			≤5m	5~10m	10~15m	>15m
一级	开挖深度/m	≤5	1 次/d	1 次/2d	1 次/2d	1 次/2d
		5~10		1 次/d	1 次/d	1 次/d
		>10			2 次/d	2 次/d
	底板浇筑后时间/d	≤7	1 次/d	1 次/d	2 次/d	2 次/d
		7~14	1 次/3d	1 次/2d	1 次/d	1 次/d
		14~28	1 次/5d	1 次/3d	1 次/2d	1 次/2d
		>28	1 次/7d	1 次/5d	1 次/3d	1 次/3d
二级	开挖深度/m	≤5	1 次/2d	1 次/2d		
		5~10		1 次/d		
	底板浇筑后时间/d	≤7	1 次/2d	1 次/2d		
		7~14	1 次/3d	1 次/3d		
		14~28	1 次/7d	1 次/5d		
		>28	1 次/10d	1 次/10d		

注：1. 当基坑类别为三级时，监测频率可视具体情况适当降低；2. 宜测、可测项目的监测频率可视具体情况适当降低。

4.4.2 基坑工程施工安全技术预警警戒值

基坑工程施工安全技术预警指标警戒值的确定应根据现行标准规范、工程水文地质条件、工程设计文件、周边环境复杂程度、当地施工经验、基坑稳定性验算等理论分析与数值分析综合确定。当地有地方规范时可参考地方规范，如上海市地方标准《基坑工程技术规范》（DGTJ 08-61—2010），若没有地方规范则应参考相应国家标准《建筑基坑工程监测技术规范》（GB 50497—2009）确定预警指标警戒值，见表4-10、表4-11。

周边建（构）筑物预警指标警戒值应在调查分析建（构）筑物使用功能、建筑规模、修建年代、结构形式、基础类型、地质条件等基础上，结合工程的空间位置关系、已有沉降、差异沉降和倾斜以及当地工程经验进行确定，并应符合相关现行标准规范的有关规定。通过对比分析，既有建筑、桥梁、隧道、铁路预警指标警戒值确定宜参考现行标准规范《城市轨道交通工程监测技术规范》（GB 50911—2013），并应符合各类既有结构安全相关的标准规范。

4.4.3 基坑工程施工安全预警等级及区间划分

基坑工程施工安全预警等级的划分直接影响着预警管理的实施效果。合理的等级划分能做到高效报警，及时采取相应的安全风险控制措施，通过安全预警管理有效避免基坑工程安全事故的发生。基坑工程施工安全预警等级主要有单级和多级两种形式。

单级报警仅设定警戒值，工程实际中应用较多的是参照现行标准规范，当预警指标实测值达到警戒值或规定应报警的情况时，应立即报警并采取控制措施。

工程实际中，对于施工难度较大、水文地质条件不良、对周边环境影响较大的基坑工程，宜采用多级报警，即依据现行标准规范确定警戒值，然后以警戒值一定的百分比作为预警区间的下限，该百分比目前尚未有统一的标准。本书2.4.1.2节通过分析总结，给出了警情等级划分的建议，在具体工程中，可结合工程实际综合选择。

4.4.4 基坑工程施工技术诊断报警

基于确定的预警等级及相应的区间，通过基坑工程施工过程中预警指标的监测数据，对施工现场预警指标进行警情诊断，结合预警指标的警情，综合分析可能发生的安全事故，以确定施工现场当前的安全现状；同时，还需通过预测方法对预警指标未来变化的趋势及可能出现的警情进行分析；最后，通过诊断综合确定应对措施与控制措施。相关具体方法可参考本书2.4.1.2节。

表 4-10　基坑及支护结构监测报警值

监测项目	支护结构类型	基坑类别								
		一级			二级			三级		
		累计值		变化率 /mm·d⁻¹	累计值		变化率 /mm·d⁻¹	累计值		变化率 /mm·d⁻¹
		绝对值 /mm	相对基坑深度(h)控制值		绝对值 /mm	相对基坑深度(h)控制值		绝对值 /mm	相对基坑深度(h)控制值	
围护墙(边坡)顶部水平位移	放坡、土钉墙、喷锚支护、水泥土墙	30~35	0.3%~0.4%	5~10	50~60	0.6%~0.8%	10~15	70~80	0.8%~1.0%	15~20
	钢板桩、灌注桩、型钢水泥土墙、地下连续墙	25~30	0.2%~0.3%	2~3	40~50	0.5%~0.7%	4~6	60~70	0.6%~0.8%	8~10
围护墙(边坡)顶部竖向位移	放坡、土钉墙、喷锚支护、水泥土墙	20~40	0.3%~0.4%	3~5	50~60	0.6%~0.8%	5~8	70~80	0.8%~1.0%	8~10
	钢板桩、灌注桩、型钢水泥土墙、地下连续墙	10~20	0.1%~0.2%	2~3	25~30	0.3%~0.5%	3~4	35~40	0.5%~0.6%	4~5
深层水平位移	水泥土墙	30~35	0.3%~0.4%	5~10	50~60	0.6%~0.8%	10~15	70~80	0.8%~1.0%	15~20
	钢板桩	50~60	0.6%~0.7%	2~3	80~85	0.7%~0.8%	4~6	90~100	0.9%~1.0%	8~10
	型钢水泥土墙	50~55	0.5%~0.6%		75~80	0.7%~0.8%		80~90	0.9%~1.0%	
	灌注桩	45~50	0.4%~0.5%		70~75	0.6%~0.7%		70~80	0.8%~0.9%	
	地下连续墙	40~50	0.4%~0.5%		70~7	0.7%~0.8%		80~90	0.9%~1.0%	

续表 4-10

监测项目 支护结构类型	基坑类别								
	一级			二级			三级		
	累计值		变化率 /mm·d^{-1}	累计值		变化率 /mm·d^{-1}	累计值		变化率 /mm·d^{-1}
	绝对值 /mm	相对基坑深度 (h) 控制值		绝对值 /mm	相对基坑深度 (h) 控制值		绝对值 /mm	相对基坑深度 (h) 控制值	
立柱竖向位移	25~35	—	2~3	35~45	—	4~6	55~65	—	8~10
坑底隆起（回弹）	25~35	—	2~3	50~60	—	4~6	60~80	—	8~10
周边地表竖向位移	25~35	—	2~3	50~60	—	4~6	60~80	—	8~10
围护墙侧向土压力	$(60\%\sim70\%)\,f_1$			$(70\%\sim80\%)\,f_1$			$(70\%\sim80\%)\,f_1$		
孔隙水压力									
围护墙内力	$(60\%\sim70\%)\,f_2$			$(70\%\sim80\%)\,f_2$			$(70\%\sim80\%)\,f_2$		
支撑内力									
立柱内力									
锚杆内力									

注：1. h 为基坑设计开挖深度，f_1 为荷载设计值，f_2 为构件承载能力设计值；2. 累计值取绝对值和相对基坑深度 (h) 控制值两者的小值；
3. 当监测项目的变化速率达到表中规定值或连续3d超过该值的70%，应报警；4. 嵌岩的灌注桩或地下连续墙的侧向位移报警值宜按表中数值的50%。

表 4-11   建筑基坑工程周边环境监测报警值

监测对象	项目		累计值/mm	变化速率/mm · d⁻¹
1	地下水位变化		1000	500
2	管线位移	刚性管道 压力	10~30	1~3
		刚性管道 非压力	10~40	3~5
		柔性管道	10~40	3~5
3	周边建筑物位移		10~60	1~3
4	裂缝宽度	建筑	1.5~3	持续发展
		地表	10~15	持续发展

注：建筑整体倾斜度累计值达到 2/1000 或倾斜速度连续大于 0.0001 H/d（H 为建筑承重结构高度）时应报警。

4.5   基坑工程施工安全预警控制措施

4.5.1   预警阶段控制措施

基坑工程施工在警报发出后，则进入预警阶段，此时应根据警情等级适当减缓施工进度或停止施工，加大监测频率，综合分析判断安全风险隐患，并采取有针对性的控制措施与加强措施，如降低地下水、增加支撑数量、调整支撑位置、注浆加固等，使基坑回归安全稳定的状态，应严格预防警情达到高危风险状态或直接突变为安全事故。对于非高危状态、可控性高的警情，以《建筑深基坑工程施工安全技术规范》（JGJ 311—2013）为基础，通过文献分析、项目调研，汇总出如下矫正控制措施以供参考。

（1）当基坑有失稳趋势时，周围地表或建筑物变形速率会急剧加大，此时应卸载基坑周边的荷载，待基坑变形稳定后，进行加固处理。在基坑开挖过程中，为避免坑外地下水水位下降速率过快而导致周边建筑地下管线沉降速率超过警戒值，在抽取地下水时应及时调整抽水速率或采用回灌措施以减缓地下水位下降速度。

（2）为防止坑底隆起变形过大，可在坑内加载反压或坑内沿基坑周边插入板桩防止坑外土向坑内挤压，坑底被动区采取注浆加固。

（3）当基坑围护结构刚度不足，致使其变形过大时，可通过增加临时支撑（斜撑、角撑）、支撑加设预应力、调整支撑的竖向间距以增强围护结构刚度；

基坑周边卸载或坑内压载以降低围护结构承受的荷载。

4.5.2 安全事故控制措施

对于已经发生、尚未成灾的安全事故，应立即采取相应的控制措施，防止事态进一步扩大造成更大的损失。通过文献分析、项目调研，汇总基坑工程施工常见安全事故的控制措施。

（1）当支护结构发生失稳时，必须立即停止挖土方作业并除去坑边无效的外荷载，移开位置不合理的材料堆场及未投入使用的重型施工器械。通过人工降水降低地下水位、注浆等方法加固坑内受支护结构挤压的土体。提升支护结构的支撑力，在适当部位增加旋喷桩或额外支护体系、坑底支护桩前堆筑石墩、重置铺杆数量与位置，或者在必要情况下增加内支撑辅助结构，以及采用钢—钢混组合支撑体系。

（2）承压水突涌事件发生迅速，具有瞬时性。突涌发生时必须及时用沙袋或石袋封堵冒水孔周围进行基坑抢险，而后在冒水孔处砌筑围井，井口设置排水泵，引走涌水；人工降低地下水位，提高土体内摩擦力，从而提高土体抗剪强度，同时降低坑底水浮力；采用灌浆法加固坑底，灌浆完成后及时拔管，避免突涌水从注浆管反冲。

（3）围护结构发生渗漏时，若渗漏点位于基坑开挖面以上，可采用坑内引流、封堵或坑外快速注浆的方式堵漏；若渗漏点位于基坑开挖面以下，应分析坑内观察井的水位情况，采用加大坑内降水、坑内、坑外快速封堵的方法进行处理。基坑内部土方开挖不均匀而致使围护结构变形过大时，应及时调整开挖及支护部位的施工工序及参数。

（4）发生基坑坑底隆起时，应立即停止挖土方作业，采用旋喷机和水泥加固坑底土体，直到坑底不再产生较大位移或者向坑底发生隆起部位及周围区域注浆、填土，直至坑外沉降量逐渐稳定为止；必要时人工降低地下水位，提高土体内摩擦力，从而提高土体抗剪强度，同时降低坑底水浮力。

（5）当发生基坑坍塌后，立即停止施工，分析基坑坍塌原因，给出相应处理措施，待其发展稳定后设置临时支撑，清理基坑内土方，通过加设支撑、调整支护形式等方法达到稳定基坑的效果。

（6）当发生建筑物开裂或倾斜时，应立即停止基坑开挖，及时邀请专家和设计单位制订建筑物的纠偏方案并组织实施，必要时应及时疏散人员。具体可采取回灌、降水等措施调整沉降位移，并对建筑基础进行注浆加固。

（7）当邻近地下管道破裂时，停止基坑开挖，必须立即关闭危险管道阀门，防止产生火灾、爆炸等安全事故；及时加固、修复或更换破裂管线。

4.6 基坑工程施工安全技术预警案例

4.6.1 工程概况

4.6.1.1 工程基本情况

该工程占地面积约为 9559m²，地上容积率面积约 8.6 万平方米，主体基坑面积约为 7500m²，基坑总延长米约为 400m，基坑普遍开挖深度约为 16.5～18.0m，局部开挖深度为 22.90m。基坑工程北侧为已建高层、东侧为河道、西侧为待建空地、南侧为城市道路。该工程南侧地下连续墙外边线距离已投入使用的城市道路，仅约 9.34m，距离槽壁加固约 8.87m。基坑工程周边环境如图 4-1 所示。

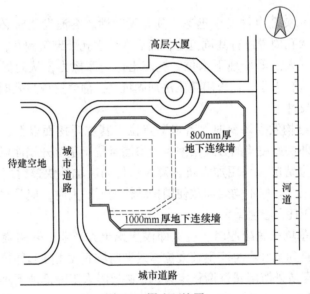

图 4-1 周边环境图

4.6.1.2 工程地质

拟建场地现为空地，场地地面标高 2.98～4.73m，相对高差 1.75m，场地地形稍有起伏，拟建场地东侧为景观河道，南侧为城市道路，西侧及北侧为某巷。东侧河道水面标高 1.30m，水深 2.50m 左右，淤泥厚度 0.50m 左右。

4.6.1.3 水文地质情况

地表水历史最高水位 2.49m，最低水位 0.01m，常年平均水位 0.88m，近 3～5 年最高水位 2.49m。拟建场地东侧距离基坑边线约 15.2m 为一河道。

潜水浅层孔隙水主要赋存于第 1 层素填土等浅部土层中，稳定水位埋深

1.50~2.50m，稳定水位标高 1.41~1.66m，其水位随季节、气候变化而波动。在雨水季节补给量大于排水量，潜水面相对上升，含水层厚度加大；旱季排泄量大于补给量，潜水面下降，含水层变薄。一般情况下夏秋季为高水位，冬春季为低水位。

微承压水赋存于第 4 层粉土，第 5 层粉砂层中（属同一含水层组），埋深 2.42m，标高 1.18m，富水性及透水性自上而下逐渐增强，主要补给来源为地下水的侧向径流。第 4 层粉土、第 5 层粉砂层微承压水位。

4.6.1.4　周边市政管线情况

拟建场地周边管线众多，地下有雨污水、给水、燃气等管线。各类地下管线与本工程围护结构实际距离信息见表 4-12。

表 4-12　周边管线分布

序号	位置	埋深（黄海高程）	管线名称	规格尺寸/mm
1	基坑北侧	管顶标高 1.87m	给水管	φ222/200
		管顶标高 1.73m	雨水管	φ450/400
2	基坑西侧	管顶标高 0.75m	污水管	φ450/400
3		管顶标高 1.96m	燃气管	φ110/90
4	基坑南侧	管顶标高 2.12m	给水管	φ222/200
5		管顶标高 0.78m	污水管	φ380/300
6		管顶标高 2.28m	给水管	φ200/222
7		管顶标高 1.55m	雨水管	φ350/300
8	基坑东侧	管顶标高 3.33m	供电管	φ100/100

4.6.2　基坑工程安全风险

4.6.2.1　工程特点

该工程围护结构采用地下连续墙加三道钢筋混凝土内支撑的围护方式，在第一道内支撑上设置栈桥板。外围一圈地下连续墙内外侧采用三轴搅拌桩地基加固，其中基坑南侧 1000mm 厚地下连续墙外侧采用三轴搅拌桩加固，内侧增加高压旋喷桩及三轴搅拌桩加固。北侧及东侧区域采用 800mm 厚"两墙合一"地下连续墙，地下连续墙深度 42.9m。深坑区域周围采用高压旋喷桩加固。

4.6.2.2　安全风险分析

（1）该工程周边管线众多，有雨（污）水、给水、燃气等管线，若施工不当引起周围土体不均匀沉降，易造成管线变形、破裂等安全事故。

（2）塔楼土方开挖量大约 18000m³，开挖深度 7.5m，底板结构施工工程量大，底板形成周期长，基坑累计变形较大。

（3）基坑开挖深度大，三轴搅拌桩和地下连续墙止水帷幕的施工质量尤为重要，若侧壁渗漏可能导致周边地表沉降。

（4）未及时搭设支撑，造成基坑整体失稳破坏。

（5）不按次序拆除支撑，导致结构裂缝，围护结构损伤。

该基坑工程施工过程中的安全风险见表 4-13。

表 4-13　基坑安全风险

序号	风险类型	基坑安全风险
1	基坑自身风险	地下连续墙接缝夹泥，导致基坑开挖阶段渗漏水
2		支撑失稳，基坑坍塌
3		不按次序拆除支撑，导致结构裂缝，围护结构损伤
4	周边环境风险	周边建（构）筑物不均匀沉降、裂缝
5		周边管线、道路沉陷、破裂

4.6.3　工程监测预警

4.6.3.1　基坑工程等级及监控分区

以《建筑地基基础工程施工质量验收规范》（GB 50202—2002）为依据，并综合考虑基坑周边环境，判定该基坑工程为一级基坑。

该工程监控分区共划分为 9 个区域，包括坑底、基坑东南西北四个侧面分区以及基坑东侧的河道、南侧和西侧的道路、北侧的高层。

4.6.3.2　监测预警指标

经综合考虑确定以 3 倍基坑开挖深度为监测范围对周边环境进行监测，结合基坑工程的设计文件与工程实际情况选取下列监测项目为预警指标并确定巡视检查内容，见表 4-14 和表 4-15。

表 4-14　基坑工程预警指标

序号	预警指标
1	地下连续墙墙顶水平位移
2	地下连续墙墙顶竖向位移
3	深层水平位移
4	基坑周边地表竖向位移
5	立柱竖向位移
6	支撑轴力
7	地下水位
8	周边管线竖向位移

表 4-15 基坑工程巡视检查内容

类别	巡视检查内容
基坑施工	支护结构有无裂缝出现
	墙后土体有无沉陷、裂缝及滑移
	止水帷幕有无开裂渗漏
	开挖后暴露的土质情况与岩土勘察报告有无差异
	基坑周围地面堆载情况,有无超堆荷载
	场地地表水、地下水排放状况是否正常, 基坑降水、回灌设施是否运转正常
周边环境	周边管道有无破损、泄漏情况
	周边建筑有无新增裂缝出现
	周边道路地面有无裂缝、沉陷
	邻近河流有无异常情况出现
监测设施	基准点、监测点完好状况
	监测元件的完好及保护情况
	有无影响观测工作的障碍物

4.6.3.3 监测频率

该工程的监测周期自施工前完成初始数据的采集一直到施工至结构至 ±0.000,根据施工过程、设计及相关规范要求,以及不同监测方法制定该工程的监测频率。具体监测频率见表 4-16、表 4-17。

表 4-16 监测频率

序号	施工阶段	监测频率
1	施工前	完成初始数据采集,不少于 3 次
2	开挖前	1 次/d
3	开挖~底板浇筑后 7d	3 次/d
4	底板浇筑后 7d~±0	1 次/d
5	±0~建筑物封顶	1 次/7d
6	滞后观测期(6m)	1 次/15d

表 4-17 人工监测频率

序号	施工阶段	监测对象	监测频率
1	沉桩施工前	周边环境	3 次
2	沉桩施工至基坑开挖	周边环境	1 次/3d

序号	施工阶段	监测对象	监测频率
3	基坑开挖至底板浇筑完成	周边环境、基坑围护结构	1 次/d
4	底板完成至支护拆除前	周边环境、基坑围护结构	1 次/3d
5	支护拆除	周边环境、基坑围护结构	1 次/d
6	地下结构施工	周边环境、基坑围护结构	1~2 次/7d
7	结构至±0.00	周边环境、基坑围护结构	1 次

4.6.3.4　预警区间

该工程以《建筑基坑工程监测技术规范》（GB 50497—2009）为依据确定各预警指标的警戒值，分别取警戒值的 70%、85%、100% 为轻警、中警、重警阈值，并以此进行黄、橙、红预警区间的划分，黄色区间为 [70%，85%），橙色区间为 [80%，100%），红色区间为 [100%，x）（x 仅作符号表示，非具体数值）。各预警指标的预警区间见表 4-18。可将实际监测数据与指标预警区间对比，判别评定出其警级。

表 4-18　预警区间

预警指标			黄色		橙色		红色	
			累计值 /mm	速率 /mm·d^{-1}	累计值 /mm	速率 /mm·d^{-1}	累计值 /mm	速率 /mm·d^{-1}
地下连续墙墙顶水平位移			[21，25.5)	[1.4，1.7)	[25.5，30)	[1.7，2)	≥30	≥2
地下连续墙墙顶竖向位移			[14，17)	[1.4，1.7)	[17，20)	[1.7，2)	≥20	≥2
地下连续墙深层水平位移			[28，34)	[1.4，1.7)	[34，40)	[1.7，2)	≥40	≥2
基坑周边地表竖向位移			[17.5，21.25)	[1.4，1.7)	[21.25，25)	[1.7，2)	≥25	≥2
立柱竖向位移			[21，25.5)	[2.1，2.55)	[25.5，30)	[2.55，3)	≥30	≥3
支撑轴力 /kN	第一道混凝土支撑	主撑	[6300，7650)	—	[7650，9000)	—	≥9000	—
		八字撑	[4900，5950)	—	[5950，7000)	—	≥7000	—
	第二道混凝土支撑	主撑	[9800，11900)	—	[11900，14000)	—	≥14000	—
		八字撑	[7700，9350)	—	[9350，11000)	—	≥11000	—
	第三道混凝土支撑	主撑	[11200，13600)	—	[13600，16000)	—	≥16000	—
		八字撑	[7700，9350)	—	[9350，11000)	—	≥11000	—

监测项目	黄色		橙色		红色	
	累计值 /mm	速率 /mm·d⁻¹	累计值 /mm	速率 /mm·d⁻¹	累计值 /mm	速率 /mm·d⁻¹
坑底回弹隆起	[21, 25.5)	[2.1, 2.55)	[25.5, 30)	[2.55, 3)	≥30	≥3
地下水位变化	[700, 850)	[350, 425)	[850, 1000)	[425, 500)	≥1000	≥500
刚性压力管道	[14, 17)	[1.4, 1.7)	[17, 20)	[1.7, 2)	≥20	≥2
刚性非压力及柔性管道	[21, 25.5)	[2.1, 2.55)	[25.5, 30)	[2.55, 3)	≥30	≥3

4.6.3.5 警情等级应对措施

监测值出现异常时，迅速报告相关工程师并加强监测频率，必要时进行 24h 不间断监测，直至稳定为止。不同的警情等级采取不同的应对措施。

（1）黄色报警时监测人员应予以重视，加强监测频率，适当减缓施工速度，综合分析近期监测数据、巡视检查内容以及施工近况，分析监测数据异常的原因，采取对应措施进行处理。

（2）橙色报警时需加强基坑监测频率，增强巡视检查，留意该监测项目（点）的变形发展情况。适当减缓施工速度，分析变形原因，采取相应的处理措施，尽快阻止并消除危害。

（3）红色报警时需立即停止施工并在第一时间向业主、监理、设计等各方汇报。加强基坑的监测频率，采取紧急处理措施对基坑已经出现的险情进行处理。必要时邀请专家，召开紧急会议确定警情处理方案。

（4）突发比较严重的紧急险情，应立即停止施工向上级部门汇报，紧急联系所有相关部门（街道社区、道路、管线、警局、防汛等），启动应急预案，紧急组织所有应急人员到位，根据指令快速调集足够的应急物资到场，及时撤离、疏散附近人员、搬移贵重物体。

4.6.4 施工警情诊断

4.6.4.1 施工安全现状诊断

本工程将警情等级划分轻警、中警、重警三个等级，分别对应颜色为黄、橙、红。对于支撑轴力、土压力等单控型预警指标可直接将监测数据规范化后依据表 4-19 判断该预警指标的警级。

表 4-19 单指标预警等级

颜色	绿色（无警）	黄色（轻警）	橙色（中警）	红色（重警）
区间	[0, 0.7)	[0.7, 0.85)	[0.85, 1)	1

对于地下连续墙顶部水平位移、立柱竖向位移等双控型预警指标则由变形速率和变形累计值共同判定警级，见表4-20。

表4-20 双控型指标预警等级判定依据

累计值 速率	绿		黄		橙		红	
	数值	颜色	数值	颜色	数值	颜色	数值	颜色
绿	—	—	取累计值数值	黄	取累计值数值	橙	取累计值数值	红
黄	—	—	取均值	黄	取累计值数值	橙	1	红
橙	—	—	取均值	依数值判定	均值	橙	1	红
红	—	—	取均值	依数值判定	1	红	1	红

该工程监测数据众多，在此以基坑北侧监控分区在开挖深度为13.5m时出现异常的监测数据进行分析。由于每个预警指标有多个监测点，所以在进行监控区内警情等级判定时，在有效数据中取有代表性或危险程度高的监测点警情等级作为该监控分区预警指标的警情等级。采取上述方法对该工程各监测点、监测项目警情等级进行评判。将存在警情的监测项目判定结果总结如下，见表4-21。

表4-21 基坑北侧警情等级判定

预警指标	测点	上次累计变化量 /mm	本次累计变化量 /mm	单次变化 /mm	变化速率 /mm·d^{-1}	监测点评定结果	评定结果
地下连续墙顶部水平位移	DW9	9.7	10.9	1.2	1.2	绿色	橙色
	DW10	13	14.5	1.5	1.5	黄色	
	DW11	10	11.7	1.7	1.7	橙色	
	DW12	10.1	11.5	1.4	1.4	黄色	
立柱竖向位移	LZ7	12.3	14.5	2.2	2.2	黄色	黄色
	LZ8	10.3	12.7	2.4	2.4	黄色	
	LZ9	10	12.2	2.2	2.2	黄色	
	LZ10	13.7	16.4	2.7	2.7	橙色	

预警指标	测点	上次累计变化量 /mm	本次累计变化量 /mm	单次变化 /mm	变化速率 /mm·d^{-1}	监测点评定结果	评定结果
第一道支撑轴力（主撑）/kN	ZL8	6200	7600			黄色	橙色
	ZL9	6000	7700			橙色	
	ZL10	6510	8200			橙色	
	ZL11	6080	7400			黄色	
	ZL12	6000	7650			橙色	
第二道支撑轴力（主撑）/kN	ZL8	10000	11000			黄色	橙色
	ZL9	10000	12600			橙色	
	ZL10	9900	13000			橙色	
	ZL11	10200	12600			橙色	
	ZL12	9800	12100			橙色	

注：地下连续墙顶部水平位移面向基坑为+反之为-；立柱竖向位移向上为+向下为-。

针对上述警情状态，立即停止施工，加强对基坑的检查和巡视检查，邀请专家结合近期施工情况和监测数据对基坑安全状态进行判定。该工程的预警指标中除地下连续墙顶部水平位移、立柱竖向位移以及支撑轴力外，其他监测项目均为绿色无警状态。

基于基坑工程常见安全事故特征（表 4-3）及与之相应的预警指标（表 4-5），经调查综合分析认为基坑工程近期施工速度过快，第三层土方开挖完成后，未按要求及时架设支撑，由此导致土体变形释放量过大引起支撑轴力、地下连续墙水平位移、立柱竖向位移突然增大达到黄色或橙色预警的状态。若不及时处理可能出现坑底隆起、支撑轴力过大或产生危险的大变形等致使支护结构失稳的安全事故。

4.6.4.2 基坑监测数据预测

明确工程施工安全现状后，还需对安全状态未来的变化趋势进行预测，以指导工程施工决策。由于监测数据众多，且预测模型需不断通过更新的监测数据进行调整，因此这里仅以地下连续墙顶部水平位移监测点 DW10 在 10 月 11 日的状态为例进行预测，见表 4-22。

表 4-22 DW10 监测值　　　　　　　　　　　　　　　　　　　mm

日期	10 月 6 日	10 月 7 日	10 月 8 日	10 月 9 日	10 月 10 日	10 月 11 日
序号	1	2	3	4	5	6
数值	11.2	11.2	11.3	11.9	13	14.5

将其分解成灰色模型组预测法的建模数据表，见表 4-23。

表 4-23   建模数据表   mm

一组序号	1	2	3	4	5
一组数值	11.2	11.2	11.3	11.9	13
二组序号	2	3	4	5	6
二组数值	11.2	11.3	11.9	13	14.5

将表 4-23 的数据代入程序中，经计算得出接下来 5 天的预测数据见表 4-24。

表 4-24   预测数据   mm

日期	10 月 12 日	10 月 13 日	10 月 14 日	10 月 15 日	10 月 16 日
数据	15.1	16.2	17.3	18.7	19.9

从 4-24 预测数据可以看出，以此趋势发展，地下连续墙顶部水平位移不断增大，且日变化率也不断上升。因此应予以重视，注意监测结果的变化，提高监测频率。

4.6.5   施工安全预警控制措施

针对警情诊断的结果，以及基坑现行的安全状态采取以下安全预警控制措施：

（1）加强基坑监测的频率并做好巡视检查；

（2）除去坑边无效的外荷载，移开位置不合理的材料堆场及未投入使用的施工重型器械。

（3）快速进行基坑的回填，待基坑状态稳定后再开挖基坑，并保证在 48h 内完成基坑的开挖和支撑的架设。

5 隧道工程施工安全技术预警系统

进入 21 世纪以来，作为城市隧道工程的典型代表，中国的地铁建设已进入快速发展阶段。地铁由于具有占地空间少、运输能力大、运行速度快、环境污染小、乘坐安全舒适等特点，已经成为人们最为理想和便捷的交通出行工具，是现代化城市重点建设的工程项目之一。据统计，截止到 2017 年，中国已有 31 座城市开通地铁，隧道网络将密布城市的中心区域，给人们的出行带来极大方便。

然而，在城市地铁建设中，隧道工程施工会对周边环境产生一定的扰动，其施工过程受水文地质条件、施工方法、施工技术等制约，存在着众多不确定因素。当地质条件和施工环境较为复杂时，控制不当会造成安全事故，严重时甚至会造成工程灾害。因此，需通过对隧道工程中可能发生的安全事故进行预警，以保证隧道工程及周边环境安全稳定，防止安全事故的发生。从而减少灾害事故带来的损失。

5.1 隧道工程施工方法概述

隧道工程施工方法主要包括盾构法、浅埋暗挖法、顶管法、明挖法、矿山法及其他辅助技术等，各方法对比分析见表 5-1。目前，城市隧道工程施工常采用浅埋暗挖法和盾构法。

表 5-1 隧道工程常见的五种施工工法

项目	盾构法	顶管法	明挖法	浅埋暗挖法	矿山法
地质适应性	地质适应性强，适用于松软含水地层，或地下线路等设施埋深达到 10m 或更深	地质适应性差，用于软土底层，修建穿过建筑物、交通线管线或河流、湖泊	地层适应性强，适用于浅埋车站、有宽阔的施工场地，可修建的空间比较大	地层适应性强，适用于含水量较小的地层，以及城市地面建筑物密集、交通运输繁忙的地下结构	地层适应性差，主要用于粉质黏土及软岩地层
技术及工艺	工艺复杂，需盾构及其配套设备，一次掘进长度为 3~5m	工艺复杂，不宜长距离掘进，管径常在 2~3m	工艺简单，可在各种地层施工	管超前、严注浆、短开挖、强支护、快封闭、勤测量	工艺复杂，工程较小时无需大型器械

项目	盾构法	顶管法	明挖法	浅埋暗挖法	矿山法
施工速度	快，为矿山法速度的 3～8 倍	快，与盾构法相当	快，可调节施工速度	慢，施工断面小	慢，作业面小
结构形式及施工质量	单层衬砌，高精度预制衬砌管片，机械拼装；施工质量可靠	单层衬砌，高精度预制衬砌管片，机械拼装；施工质量可靠	临时围护和内部结构衬砌；现场浇筑结构，施工质量难以保证	初期支护和二次衬砌结合，采用复合衬砌；施工质量可靠	复合衬砌，现场浇筑；施工质量差
结构防水质量	防水可靠	防水可靠	防水不易保证	不允许带水作业	防水不易保证

5.1.1　浅埋暗挖法

浅埋暗挖法沿用新奥法的基本原理，初次衬砌承担全部基本荷载设计，二次模筑衬砌作为安全储备；初次支护和二次衬砌共同承担特殊荷载。我国目前结合隧道工程水文地质特点及施工特点，创造了小导管超前支护技术、8 字形网构钢拱架设计与制造技术、正台阶环形开挖留核心土施工技术以及变位进行反分析计算的方法，并提出了"管超前、严注浆、短进尺、强支护、早封闭、勤量测" 18 字方针。浅埋暗挖法中，常用的施工工法有以下几种：

（1）正台阶法又称上下两步台阶法，适用于土质条件较好的单线隧道。一般上半断面采用人工开挖的方法，用车辆把渣土运出，下半断面采用机械开挖的方法，用车辆把渣土运出。施工步序为：拱部超前支护、上台阶导坑开挖支护、下台阶导坑开挖支护、开挖底板初期支护封闭，如图 5-1 所示。

（2）正台阶环形开挖法适用于土质条件较差的单线隧道。上台阶开挖后要进行及时支护，当地质情况和隧道开挖长度不同时，台阶的长度也不同。地质条件越好，开挖的台阶长度越长。当断面太大时，可以分多个台阶开挖，但要注意控制台阶长度。施工步序为：拱部超前支护、上部弧形导坑开挖支护、左右侧中台阶错位开挖支护、核心土开挖、下台阶导坑开挖支护、初期支护封闭，如图 5-2 所示。

（3）单侧壁导坑法是指先开挖隧道一侧的导坑，进行初期支护后再分部开挖剩余部分的施工方法。该施工方法采用人工开挖、人工和机械混合出渣，适用于土质条件较差的单双线隧道，是以台阶法为基础先开挖侧壁导洞完成初期支护，然后开挖拱部土体并作初期支护，最后开挖下台阶，施作初步支护并封闭成环，如图 5-3 所示。

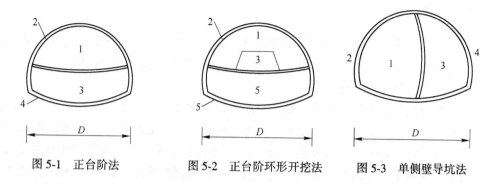

图 5-1　正台阶法　　　　图 5-2　正台阶环形开挖法　　　图 5-3　单侧壁导坑法

（4）双侧壁导坑法又称为眼镜工法，它先开挖左右两侧导坑，再分别开挖上部和下部土体。施工步序为：左右导坑超前支护、左右导坑开挖初步支护、拱顶超前支护、中部上台阶开挖支护、中部下台阶开挖、断面初步支护封闭成环，如图 5-4 所示。

（5）CD 法又称中隔墙法，是先分部开挖隧道一侧并施作临时中隔墙，当先开挖侧超前一定距离后，再分部开挖另一侧隧道的方法。CD 法施工步序为：左侧上导坑超前支护、左侧上导坑开挖并初期支护、左侧下导坑开挖并初期支护、右侧上导坑超前支护、右侧上导坑开挖并初期支护、右侧下导坑开挖并初期支护、断面初期支护并封闭成环，如图 5-5 所示。

（6）CRD 工法也称交叉中隔墙法，适用于断面较大、工程地质条件较差的地铁隧道。CRD 工法与 CD 工法相似，都是以台阶法为基础，上下两个台阶分别按次序开挖两个导坑，其中上台阶的导坑先开挖，之后分别进行初步支护，当拱部初步支护结构稳定之后再进行下台阶两个导坑的开挖，并及时完成仰拱。上下导坑、左右导坑均要错开一定的距离。CRD 法施工步序为：左右上导坑超前支护、左右上导坑开挖并初期支护、左右下导坑开挖并初期支护、断面初步支护封闭成环，如图 5-6 所示。

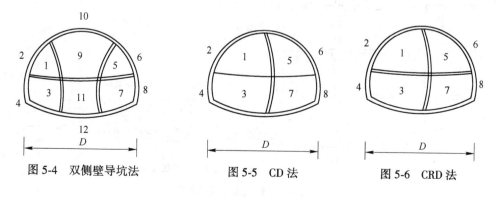

图 5-4　双侧壁导坑法　　　　图 5-5　CD 法　　　　图 5-6　CRD 法

5.1.2 盾构法

盾构法施工是以盾构机为隧道掘进设备，以盾构机的盾壳作为支护，用前端刀盘切削土体，由千斤顶顶推盾构机前进，以开挖面上拼装预制好的管片作衬砌，从而形成隧道的施工方法。

盾构法的基本原理是利用盾构沿隧道设计轴线开挖土体并向前推进，盾构主要起防护开挖出的土体、保证作业人员和机械设备安全的作用，并承受来自地层的压力，防止地下水或流砂的入侵。盾构的前端设置有支撑和开挖土体的装置，内部安装有推进所需的千斤顶，而尾部设有拼装预制管片衬砌的机械手。盾构推进的动力由其内部的千斤顶提供，反力则由衬砌环承担，盾构每推进一环距离，就在盾尾保护下拼装一环管片衬砌，并及时向管片衬砌背后与围岩间的缝隙（盾尾空隙）中注入浆液，以防止因地层塌落而引起的地面下沉。盾构法是暗挖法施工中的一种全机械化施工方法。由于具有机械化程度高、对地层扰动小、掘进速度快、地层适应性强、对周围环境影响小等特点，逐渐成为地铁隧道建设的主要施工方法。

盾构机主要由5部分组成：壳体、推土系统、排土系统、管片拼装系统和辅助注浆系统。盾构机的壳体由切口环、支撑环和盾尾3部分组成，并与外壳钢板连成一体；排土系统主要由切削土体的刀盘、泥土仓、螺旋出土器、皮带传送机、泥浆运输电瓶车等部分组成。如图5-7所示。

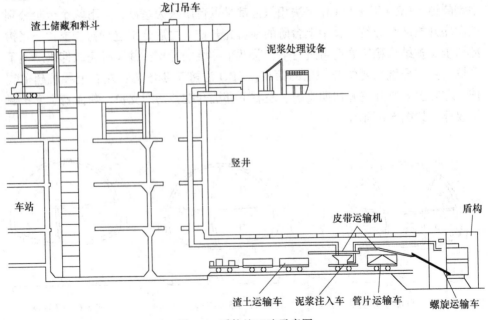

图 5-7　盾构施工法示意图

盾构法是尽可能在不扰动围岩的前提下完成施工的，最大限度地减少盾构施工对地面建（构）筑及地基内埋设物的影响。一般盾构法主要分为四个阶段：竖井的建造；盾构的始发与接收；盾构的掘进；盾构隧道贯通后的联络通道、风道、泵房等辅助设施的施工。

开挖施工过程为：

（1）建造盾构始发竖井和接收竖井，或者车站（始发或接收工作井与车站合建）。

（2）把盾构主机和配件分批吊入始发竖井中，并在预定始发掘进位置上将盾构设备统装成整机，调试其性能使之达到设计要求。

（3）盾构从竖井或车站预留洞门处始发，沿着隧道设计轴线掘进。盾构掘进时靠盾构前部的旋转倜削刀盘切削土体，切削土体过程中必须始终保持开挖面的稳定。为了满足这个要求必须保证刀盘后面土压舱或泥水舱内对地层的反作用压力大于来自地层的水土压力；依靠舱内的出土机械出土；依靠中部的千斤顶推动盾构前进；由后部的管片安装机拼装管片（也即隧道衬砌）；随后再由尾部的壁后注浆系统向衬砌与地层间的缝隙中注入填充浆液，以防止隧道和地面的下沉。

（4）盾构掘进接收预定终点的竖井或车站时，盾构进入该竖井或车站接受工作井，掘进过程结束。随后解体盾构，吊出地面。

5.2 隧道工程施工安全风险

隧道工程与其他工程相比具有隐蔽性、施工复杂性、地层条件和周围环境的不确定性等突出风险，从而加大了施工技术难度和建设的安全风险。施工安全风险主要体现在：（1）地基岩土性质、水文地质条件复杂，勘察报告提供资料有限，地下情况的不可预知性，使得隧道工程施工安全风险客观存在；（2）勘察设计资料有限，设计计算理论不完善以及施工中不可避免地遇到突发事件，使得隧道施工安全风险既有偶然性又有必然性；（3）实验数据离散性较大，土体内施工效果具有一定不确定性，使得施工安全风险的可变性更为明显；（4）除本身的技术因素影响外，隧道施工与外部环境的关联关系，使得隧道工程风险更加多样和复杂。隧道工程自身常见的安全事故见表5-2，周边常见的安全事故见表4-4。

表 5-2 隧道工程自身常见施工安全事故

安全事故		主要原因	特征
浅埋暗挖法	进出洞口涌水涌砂、失稳	洞口段加固效果不佳，地下水位变化	地下水不断从洞口流出并夹杂着泥沙等，洞口发生变形

	安全事故	主要原因	特征
浅埋暗挖法	初期支护失稳	地质水文环境判断不准确，或遇到不良地质、破碎带等，导致初期支护受力过大或不均匀，造成支撑体系失稳；施工方案不合理，包括开挖方案、开挖步距、支护时机、开挖工艺等；初期支护安装不正确或没有及时封闭；初期支护设计薄弱	拱顶、侧墙变形大，初喷混凝土出现裂缝或钢支撑产生屈曲变形导致失稳
	二次衬砌变形开裂	围岩地质较差，或遇到不良地质、破碎带等，导致初期支护、二次衬砌设计薄弱；施工过程中初期支护没有合理的支护，变形持续发展，导致二次衬砌受力过大；设计不合理	二次衬砌变形过大，出现裂缝、渗水等
	开挖面失稳	土体地质变化大，或遇到不良地质、破碎带等，没有及时更改初期支护方案；超期支护、土方开挖、初期支护等工序控制不合理；注浆、冷冻等效果不佳或失效	掌子面拱顶坍塌、冒顶、边墙滑塌、拱脚失稳、掌子面涌水等
	隧道内涌水涌砂	地下水位较高，地质突变，支护不到位	地下水渗漏或涌出，并夹杂着大量的泥砂
	地表沉陷	土质较为软弱，隧道跨度较大，加固措施不到位，支护结构承载力不足	隧道开挖后形成临空面，破坏原有应力平衡，变形增大；地面产生地鼓，小型垮塌，地面出现环形开裂
盾构法	进出洞口涌水涌砂、失稳	洞口段加固效果不佳；地下水位变化；盾构施工参数不合理；洞门防水板安装缺陷	地下水不断从洞口流出并夹杂着泥沙等，洞口发生变形
	管片变形开裂	管片拼装时与盾尾发生磕碰；封顶块与邻接块接缝不平；盾构推进，管片受力不均衡	管片变形，开裂
	隧道掘进偏移	地层岩面起伏较大，断面出现风华或洞体填充物的周边与周边岩面差异较大，因此刀盘工作条件恶化，受力不均，掘进速度不均，姿态不易控制	盾构机出现机头下垂、机头向上或过量蛇形等偏离轴线等情况
	管片渗漏	管片拼装不熟练、靴板挤压、靴板旋转、盾尾间隙过小、隧道拱顶压力不足、管片螺栓松、止水条局部破损、二次注浆不及时	分管片拼缝渗漏、管片崩角、螺栓孔渗水、管片裂缝

安全事故		主要原因	特征
盾构法	区间涌水涌砂	地质条件突变；参数选择不当；盾构机盾尾密封失效	出土渣样异常；参数与技术交底不符；盾尾刷刷毛时发生翻卷，管片四周的盾尾空隙不均匀，管片对盾尾密封刷的挤压过大
	盾构机结泥饼	渣土改良效果不好；掘进速度过快；大块泥石堵塞刀盘开口	开挖面压力增大；出土量减少；地表隆沉
	地表隆沉过大	隧道开挖跨度过大、覆跨比过大、应力集中；孔隙水流失以及地层超固结；支护结构失稳；掌子面顶进压力过大	盾构隧道施工在地表形成横向沉降槽；盾构前方地表产生位移；盾构通过时产生位移、盾构离开后的土体固结

5.3 隧道工程施工安全风险防控措施

隧道工程由于具有投资大、工期长、施工难度大、技术复杂的特点，在建设过程中不可预见的因素较多，具有高风险。因此，制定施工安全风险预防控制措施，加强隧道工程项目的风险管理非常重要。隧道施工危险期主要集中在进出洞口、掘进阶段，为减少事故的发生，针对其施工技术和施工特点，制定如下预防控制措施以供参考。

5.3.1 浅埋暗挖法施工安全风险防控措施

5.3.1.1 防、排水控制措施

隧道工程施工前应对地表及隧道附近的井泉、池沼、水库、溪流进行调查，查看水文地质资料，对工程所在地有初步的认识，以选取适宜的材料、采取切实可靠的施工方案、施工技术等。对于不同类型的隧道工程，应采取不同级别的防、排水标准。在防水的同时要做好排水设施的设置，"堵排结合"，合理设置盲沟、泄水孔等。在施工过程中及施工完成后进行监测工作，对于发生渗水的部位进行检测，采取注浆、混凝土衬砌、塑料板堵水等防水措施。重点部位应重点防控，例如施工缝、变形缝等相对薄弱的部位可采用埋设止水带的方式进行防控。

5.3.1.2 初期支护失稳防控措施

在隧道开挖前结合地质情况，初步制定支护方案。在施工中应做好地质描述、超前地质预报，根据围岩条件的变化，因地制宜，提前采取相应措施，做到安全可靠、经济合理。同时做好紧急预案措施，预先制作一定数量的自重轻巧、安装便捷的临时支架，且工人应做到熟练、迅速安装。安全区至作业区段地面上不可堆放任何材料、渣土、机械、工具，保证作业时间内无障碍物。做好监测工

作，当某一区域或部位变形过大或变形速率增大，及时采取预案措施积极应对。

在浅埋、严重偏压、自稳性差的地段以及大面积淋水或涌水地段施工时，应按设计采用稳定地层和处理涌水的辅助工程措施。稳定地层措施主要包括：超前锚杆支护、超前小导管预注浆支护、超前管棚支护、超前预注浆、地面砂浆锚杆、地表注浆等。其中前四项为稳定洞内围岩和开挖面的措施，后两项为稳定地面地层、防止地面下沉、滑塌，并在浅埋地段与洞内稳定措施共同稳定洞内围岩及开挖面的措施。涌水处理措施主要包括：超前围岩预注浆堵水、开挖后补注浆堵水、超前钻孔排水、坑道排水、井点降水等。

5.3.1.3　二次衬砌变形、开裂防控措施

隧道二次衬砌变形、开裂的处理，应根据其施工工艺及要求，采取以稳固围岩为主、稳固围岩与加固衬砌相结合的综合处理原则。对于浅埋隧道应及早完成二次衬砌，且二次衬砌应予以加强。主要防控措施包括：锚杆加固围岩，提高破碎围岩的黏结力，形成一定厚度的承载拱，以提高围岩的承载能力；每环衬砌段拱顶部应预留 2~4 个注浆孔；设置变形监测点，定时监测以确定二次衬砌的变形情况。为防止人为因素导致二次衬砌变形开裂，要求仰拱及填充混凝土强度达到 5MPa 后允许行人通行，达到设计强度的 100% 后允许车辆通行。

5.3.1.4　开挖面失稳防控措施

隧道开挖过程中，开挖面常与达到设计强度的喷射混凝土衬砌结构存在一定距离，这一区段属于坍塌、涌水、涌砂事件多发区，加之隧道内空间狭小，逃生和抢救难度大，对安全事故的预防和控制显得尤为重要，因此应尽可能地缩短工人在此区段的作业时间。如掌子面上搭设管棚或超前小导管及锚杆，按照经验结合岩土性质，预计钻孔、注浆时间，工作时间过长时宜分段打设；减少格构钢架单元件数，加快钢架安装速度；采取措施加快钢筋网和纵向连接钢筋的固定焊接、初次衬砌混凝土喷射等工序。同时，还应采取如下措施：

（1）隧道开挖必须配合及时支护，保证施工安全。

（2）喷锚支护施工中，应做好下列工作：喷锚支护施工记录、喷射混凝土的强度、厚度、平整度等项检查和试验报告、监控量测记录、地质素描资料整合。

（3）对稳定性较差的围岩应采用多种方法进行预加固，条件允许时，应采用洞内、外预加固相结合，以提高围岩的自支护能力。

稳定性较差的围岩往往与水有关，所以预加固是止水技术与加固技术的综合应用。在不破坏当地环境的条件下，浅埋隧道在地表进行预加固可获得事半功倍的效果。地表加固常用的方法有：浆液压注法、垂直锚杆加固法；洞内加固常用的方法有：超前锚杆、超前小导管支护、超前小导管注浆、超前全封闭注浆、超前小导坑注浆、管棚法、有条件时采用预衬砌法（配合专用的链式切削机或多轴

钻机)、水平高压旋喷法(双重管法、三重管法)、高压喷射搅拌法等。

(4)软弱围岩施工中要采取一切措施提高围岩的自支护能力。视围岩的岩性、层理、结构、水文情况而采取不同的措施保护围岩,主要方法有:加固地层、稳定掌子面、及时闭合支护结构,一般隧道工程施工中是三种方法的综合应用。

在软弱围岩中提高围岩自支护能力的基本方法是控制围岩的松弛、坍塌,以超前加固、注浆加固及时封闭为主,如表5-3所示。

表5-3　软弱围岩中提高围岩自支护能力的方法

加固地层	稳定掌子面	及时闭合
掌子面超前全封闭注浆	正面喷混凝土及锚杆	设临时仰拱或底部横撑
超前锚杆、小导管、大管棚	超前支护	加固基脚
小导管周边注浆、围岩径向注浆	预留核心土	向底部地层注浆加固
地表锚杆、注浆加固		设底部锚杆

(5)Ⅴ、Ⅵ级围岩地段应根据地层稳定状况、渗水量大小可分别采用超前长管棚或插板配合钢拱架预支护、超前小导管(注浆)配合钢拱架预支护、超前锚杆配合钢架预支护等。

(6)型钢钢架支护适宜于以下情况:黄土隧道、未胶结的松散岩体或人工堆积碎石土;浅埋但不宜明挖地段;膨胀性岩体或含有膨胀因子、节理发育、较松散岩体;地下水活动较强,造成大面积淋水地段。

5.3.2　盾构法施工安全风险防控措施

5.3.2.1　进出洞口涌水、涌砂防控措施

为预防盾构区间隧道发生涌水涌砂事件应采取的控制措施:中、强透水地段施工时,测量人员要加大测量的频率,并及时向第三方取得地表沉降的相关参数,及时调整施工方案。制定施工过程中的应对措施:适当提高同步注浆浆液浓度(必要时采用双液注浆);提前严格检查设备运行情况,尤其是紧急停止时螺旋机闸门的紧急关闭状况等;适当减小螺旋机闸门口的开度,提高盾构机千斤顶的推进速度。具体防、排水要求参照5.3.1.1。

5.3.2.2　隧道掘进偏移防控措施

盾构机在掘进过程中,隧道发生偏移,主要受工程地质、水文地质、注浆质量、盾构机姿态控制等方面的影响。主要预防控制措施有:

(1)应根据盾构机类型采取相应的开挖面稳定方法,确保前方土体稳定;

(2)根据地层情况、设计轴线、埋深、盾构机类型等因素确定推进千斤顶的编组;

(3)根据盾构选型、施工现场环境,合理选择土方输送方式和机械设备;

（4）在拼装管片或盾构掘进停歇时，应采取防止盾构后退的措施；

（5）盾构掘进轴线按设计要求进行控制，每掘进一环应对盾构姿态、衬砌位置进行测量；

（6）应根据盾构类型和施工要求做好各项施工、设备和装置运行的管理工作。

5.3.2.3　管片变形开裂、管片渗漏防控措施

（1）规范管片安装程序。拼装前须保证盾尾无杂物、无积水，再进行管片吊装作业。管片安装完后，应用整圆器及时整圆，对管片的变形及时矫正，并在管片环脱离盾尾后对管片连接螺栓进行二次紧固。同步注浆及时固定管片环的形状和位置。管片安装质量应以满足设计要求的隧道轴线偏差和相关规范要求的椭圆度及环、纵缝错台标准进行控制。

（2）加强同步注浆管理。在浆液性能的选择上应该保证浆液的充填性、初凝时间与早期强度、限定范围防止流失（浆液的稠度）的有机结合，才能确保隧道管片与围岩共同作用形成一体化的构造物。

盾构隧道衬背注浆的浆液配比应进行动态管理，依据不同地质、水文、隧道埋深等情况的变化而不断调整浆液性能，以控制地表的沉降和保证管片的稳定。在同步注浆过程中合理掌握注浆压力，使注浆量、注浆速度与推进速度等施工参数形成最佳的参数匹配。如果注浆压力太大会导致管片破坏，造成浆液的外溢；背后注浆的最佳注入时期，应在盾构机推进的同时或者推进后立即注入，注入的宗旨是必须完全填充尾隙；注入量必须能很好地填充尾隙。一般来说使用双液型浆液时，注入量为理论空隙量的150%～200%。

5.3.2.4　盾构防结泥饼控制措施

防止盾构刀盘结泥饼最关键的是盾构与地质的适应性，盾构机的选型一定要适应地质情况。因此在盾构设计之前必须要详细勘察工程的地质情况，根据详细的地质情况来设计盾构刀盘的开口率、刀具的配置类型和环流系统等。泥浆参数是预防泥水盾构刀盘结泥饼的重要因素之一，必须根据地层的黏土颗粒含量来配置泥浆，重点控制泥浆的密度和黏度。盾构施工中必须严格控制掘进参数和遵循盾构操作规程，通过刀盘推力、扭矩和掘进速度等掘进参数的变化来及时判断刀盘结泥饼的情况。开启冲刷系统，增大环流系统的进排浆流量可以有效防止刀盘结泥饼的情况发生。其中最有效、最彻底的清除刀盘泥饼的方法是人工进仓清除刀盘泥饼。

5.3.2.5　地表隆沉防控措施

在进行盾构机掘进工作前，对施工现场周边的地面建筑物、地下管线、地下障碍物、地下设施等要进行详细调查，制定适当的预防保护措施以保护重要的建（构）筑物。建立严格的隧道沉降量测控制网，当进行隧道施工时，及时分析盾

构前方监测点的监测数据。舱内压力要设定合理。由于进行盾构推进时，推进速度、排土量和千斤顶顶力等因素对土压产生影响，土压易发生波动，为了保持开挖面的稳定性，需要对排土量和舱内外土体压力差值的大小实现有效控制以控制开挖面的土压。首先，目标土压的确定可以以地层的情况为依据确定；其次，对土压的变化情况进行监测；最后，目标土压值的维持可以通过对螺旋输送机转速的调节来实现。

5.4 隧道工程施工安全技术预警方法

5.4.1 隧道工程施工安全技术预警指标及监测方案

5.4.1.1 监测等级确定

《城市轨道交通监测技术规程》（GB 50911—2013）规定，工程监测等级宜根据隧道工程的自身风险等级、周边环境风险等级按表5-4确定，确定后还应根据当地经验、地质条件复杂程度进行适当的工程监测等级调整。

表5-4 隧道工程监测等级

工程自身风险等级 \ 工程监测等级 \ 周边环境风险等级	一级	二级	三级	四级
一级	一级	一级	一级	一级
二级	一级	二级	二级	二级
三级	一级	二级	三级	三级

隧道工程的自身风险等级宜根据支护结构发生变形或破坏、岩土体失稳等的可能性和后果的严重程度，采用工程风险评估的方法确定，也可根据隧道埋深和断面尺寸等按表5-5划分。

表5-5 隧道工程的自身风险等级

工程自身风险等级		等级划分标准
隧道工程	一级	超浅埋隧道、超大断面隧道
	二级	浅埋隧道、近距离并行或交叠的隧道；盾构始发与接收区段；大断面隧道
	三级	深埋隧道；一般断面隧道

注：1. 超大断面隧道是指断面尺寸大于 $100m^2$ 的隧道；大断面隧道是指断面尺寸在 $50\sim100m^2$ 的隧道；一般断面隧道是指断面尺寸在 $10\sim50m^2$ 时的隧道；

2. 近距离隧道是指两隧道间距在一倍开挖宽度（或直径）范围以内；

3. 隧道深埋、浅埋和超浅埋的划分根据施工工法、围岩等级、隧道覆土厚度与开挖宽度（或直径），结合当地工程经验综合确定。

周边环境风险等级宜根据周边环境发生变形或破坏的可能性和后果的严重程度，采用工程风险评估的方法确定，也可根据周边环境的类型、重要性、与工程的空间位置关系和对工程的危害性按表 5-6 划分。

表 5-6 周边环境风险等级

周边环境风险等级	等级划分标准
一级	主要影响区内存在既有轨道交通设施、重要建（构）筑物、重要桥梁与隧道、河流或湖泊
二级	（1）主要影响区内存在一般建（构）筑物、一般桥梁与隧道、高速公路或重要地下管线； （2）次要影响区内存在既有轨道交通设施、重要建（构）物、重要桥梁与隧道、河流或湖泊； （3）隧道工程上穿既有轨道交通设施
三级	主要影响区内存在城市重要道路、一般地下管线或一般市政设施； 次要影响区内存在一般建（构）筑物、一般桥梁与隧道、高速公路或重要地下管线
四级	次要影响区内存在城市重要道路、一般地下管线或一般市政设施

地质条件复杂程度可根据场地地形地貌、工程地质条件和水文地质条件按表5-7 划分。

表 5-7 地质条件复杂程度

地质条件复杂程度	等级划分标准
复杂	地形地貌复杂；不良地质作用强烈发育；特殊性岩土需要专门处理；地基、围岩和边坡的岩土性质较差；地下水对工程的影响较大，需要进行专门研究和处理
中等	地形地貌复杂；不良地质作用一般发育；特殊性岩土不需要专门处理；地基、围岩和边坡的岩土性质一般；地下水对工程的影响较小
简单	地形地貌简单；不良地质作用不发育；地基、围岩和边坡的岩土性质较好；地下水对工程无影响

注：符合条件之一即为对应的地质条件复杂程度，从复杂开始，向中等、简单推定，以最先满足的为准。

5.4.1.2 监测范围界定

隧道工程施工安全技术预警监测范围应根据工程施工对周围岩土体扰动和周边影响环境的程度及范围划分，《城市轨道交通监测技术规程》（GB 50911—2013）规定，可分为主要、次要和可能等三个工程影响分区，见表 5-8。此外，该规范中规定了竖井基坑工程的影响监测范围，规定与《建筑基坑工程监测技术规范》（GB 50947—2009）有所不同，见表5-9。

表5-8 土质隧道工程影响分区

基坑工程影响区	范　围
主要影响区（Ⅰ）	隧道正上方及沉降曲线反弯点范围内
次要影响区（Ⅱ）	隧道沉降曲线反弯点及沉降曲线边缘2.5i处
可能影响区（Ⅲ）	隧道沉降曲线边缘2.5i外

注：i隧道地表沉降曲线Peck计算公式中的沉降槽宽度系数（m）。

表5-9 基坑工程监测范围分区

基坑工程影响区	范　围
主要影响区（Ⅰ）	基坑周边$0.7H$或$H \cdot \tan(45°-\varphi/2)$范围内
次要影响区（Ⅱ）	基坑周边$0.7H \sim (2.0 \sim 3.0)H$或$H \cdot \tan(45°-\varphi/2) \sim (2.0 \sim 3.0)H$范围内
可能影响区（Ⅲ）	基坑周边$(2.0 \sim 3.0)H$范围外

注：1. H——基坑设计深度（m），φ——岩土体内摩擦角（°）；

2. 基坑开挖范围内存在基岩时，H可为覆盖土层和基岩强风化层厚度之和；

3. 工程影响分区的划分界线取表中$0.7H$或$H \cdot \tan(45°-\varphi/2)$的较大值。

隧道工程监测范围应根据基坑设计深度、隧道埋深和断面尺寸、施工工法、支护结构形式、地质条件、周边环境条件等综合确定，并应包括主要影响区和次要影响区。应根据周边环境、地质条件、当地施工经验，综合确定工程影响分区界线。当遇到下列情况时，应调整工程影响分区界线：

（1）隧道周边土体以淤泥、淤泥质土或其他高压缩性土为主时，应增大工程主要影响区和次要影响区；

（2）隧道穿越断裂破碎带、岩溶、土洞、强风化岩、全风化岩或残积土等不良地质体或特殊性岩土发育区域，应根据其分布和对工程的危害程度调整工程影响分区界线；

（3）采用锚杆支护、注浆加固等工程措施时，应根据其对岩土体的扰动程度和影响范围调整工程影响分区界线；

（4）采用施工降水措施时，应根据降水影响范围和预计的地面沉降大小调整工程影响分区界线；

（5）施工期间出现严重的涌水涌砂、支护结构过大变形、周边建（构）筑物或地下管线严重变形等异常情况时，宜根据工程实际情况增大工程主要影响区和次要影响区。

为了更加清晰地描述隧道工程施工安全技术预警发现的问题，建议对隧道工程进行监控分区的划分。如盾构施工自身以若干环为一监控分区，周边环境影响区域以同类型监控对象或不同程度的影响范围为一个监控分区，具体分区应结合隧道位置、水文地质情况、周边既有结构等进行设置。

5.4.1.3 隧道工程施工安全技术预警指标体系

A 安全事故及预警指标

基于现行标准规范，通过文献分析、专家访谈与项目调研，对隧道工程常见安全事故发生时变化较大的施工安全预警指标汇总，见表5-10。隧道工程周边环境安全事故参考预警指标与基坑工程一致，见表4-6。

表 5-10 隧道工程自身常见安全事故参考预警指标

常见安全事故		参考预警指标
浅埋暗挖法	进出洞口涌水涌砂、失稳	土体深层水平位移
		地下水位变化
		地表竖向位移
	初期支护失稳	围岩压力
		初期支护拱顶沉降
		隧道拱脚竖向位移
		初期支护底板竖向位移
		初期支护净空收敛
		初期支护结构应力
		地下水位变化
	二次衬砌变形开裂	围岩压力
		二次衬砌应力
		隧道拱脚竖向位移
	开挖面失稳	初期支护拱顶沉降
		初期支护净空收敛
		地下水位变化
		地表竖向位移
	涌水涌砂	开挖面有水渍或渗水
		孔隙水压力
		地下水位变化
		地表竖向位移
	地表沉陷	地表竖向位移

常见安全风险事件		参考预警指标
盾构法	进出洞口涌水涌砂、失稳	土体深层水平位移
		地下水位变化
		地表竖向位移
	管片变形开裂	管片竖向位移
		管片水平位移
		管片结构应力
		管片净空收敛
		管片链接螺栓应力
	隧道掘进偏移	推进轴线与设计轴线偏离值
	管片渗漏	管片错台
		管片表面有水渍或渗水
		孔隙水压力
	区间涌水涌砂	盾构出碴情况
		盾构机土压力
	盾构机结泥饼	盾构机土压力
		出土量
		地表竖向位移
	地表隆沉过大	地表竖向位移

B　隧道工程施工安全预警指标体系

由于各隧道工程地质条件、施工方法及难易程度、周边环境等不同，因此工程施工安全预警指标体系应结合工程现场的实际情况确定。《城市轨道交通监测技术规程》（GB 50911—2013）针对性地给出了矿山法与盾构法在各工程监测等级下支护结构、主体结构、周围岩土体应测与选测预警指标的参考依据，见表 5-11 和表 5-12。浅埋暗挖法施工安全预警指标体系可以参考表 5-10、规范中矿山法预警指标的选择方法综合确定。

表 5-11　矿山法隧道支护结构和周围岩土体监测项目

序号	监测项目	工程监测等级		
		一级	二级	三级
1	初期支护结构拱顶沉降	√	√	√
2	初期支护结构底板竖向位移	√	○	○
3	初期支护结构净空收敛	○	○	○
4	隧道拱脚竖向位移	○		○

序号	监测项目	工程监测等级		
		一级	二级	三级
5	中柱结构竖向位移	√	√	○
6	中柱结构倾斜	○	○	○
7	中柱结构应力	○	○	○
8	初期支护结构、二次衬砌应力	○	○	○
9	地表沉降	√	√	√
10	土体深层水平位移	○	○	○
11	土体分层竖向位移	○	○	○
12	围岩压力	○	○	○
13	地下水位	√	√	√

注：√——应测项目，○——选测项目。

表 5-12   盾构法隧道管片结构和周围岩土体监测项目

序号	监测项目	工程监测等级		
		一级	二级	三级
1	管片结构竖向位移	√	√	√
2	管片结构水平位移	√	○	○
3	管片净空收敛	√	○	○
4	管片结构应力	○	○	○
5	管片链接螺栓应力	○	○	○
6	地表沉降	√	√	√
7	土体深层水平位移	○	○	○
8	土体分层竖向位移	○	○	○
9	管片围岩压力	○	○	○
10	孔隙水压力	○	○	○

注：√——应测项目，○——选测项目。

当遇到下列情况时，应对隧道工程周围岩土体进行监测：

（1）基坑侧壁、隧道围岩的地质条件复杂，岩土体易产生较大变形、空洞、坍塌的部位或区域，应进行土体分层竖向位移或深层水平位移监测；

（2）在软土地区，隧道工程邻近对沉降敏感的建（构）筑物等环境时，应进行孔隙水压力、土体分层竖向位移或深层水平位移监测；

（3）工程邻近或穿越岩溶、断裂带等不良地质条件，或施工扰动引起周围岩土体物理力学性质发生较大变化，并对支护结构、周边环境或施工可能造成危害时，应结合工程实际选择岩土体预警指标。

C 巡视检查

盾构施工沿线涉及面较多，施工工艺复杂，单靠仪器监测往往只代表有限的可测区域，还存在一定的盲区。因此日常的巡查工作尤为重要，如开挖隧道的技术参数、开挖面岩土体的稳定性、支护结构的施作情况、周边建（构）筑物的裂缝以及地下构筑物积水及管线渗水情况，都是日常巡查的主要内容，应及时反馈巡查结果，做好书面记录。

5.4.1.4 预警指标监测点布设

隧道工程施工安全技术预警监测点设置可依据《城市轨道交通监测技术规程》（GB 50911—2013）中的相关规定，其中规定每个预警指标在单个监测断面的监测点不应少于 5 个。

A 浅埋暗挖法施工安全技术预警指标监测点设置

隧道工程中浅埋暗挖法技术预警监测点设置可参考《城市轨道交通监测技术规程》（GB 50911—2013）中矿山法相关监测点设置的规定，见表 5-13。

表 5-13 浅埋暗挖法技术预警监测点设置要求

序号	预警指标	监测点布设要求
1	初期支护结构的拱顶沉降、净空收敛	初期支护结构拱顶沉降、净空收敛监测应布设垂直于隧道轴线的横向监测断面，区间监测断面间距宜为 10~15m
		监测点宜在隧道拱顶、两侧拱脚处（全断面开挖时）或拱腰处（半断面开挖时）布设，拱顶的沉降监测点可兼作净空收敛监测点，净空收敛测线宜为 1~3 条
		分部开挖施工的每个导洞均应布设横向监测断面
		监测点应在初期支护结构完成后及时布设
2	初期支护结构底板竖向位移	监测点宜布设在初期支护结构底板的中部或两侧
		监测点的布设位置与拱顶沉降监测点宜对应布设
3	隧道拱脚竖向位移	在隧道周围岩土体存在软弱土层时，应布设隧道拱脚竖向位移监测点
		隧道拱脚竖向位移监测点与初期支护结构拱顶沉降监测宜共同组成监测断面
4	中柱沉降、倾斜及结构应力	应选择有代表性的中柱进行沉降、倾斜监测
		当需进行中柱结构应力监测时，监测数量不应少于中柱总数的 10%，且不应少于 3 根，每柱宜布设 4 个监测点，并在同一水平面内均匀布设
5	围岩压力、初期支护结构应力、二次衬砌应力	在地质条件复杂或应力变化较大的部位布设监测断面时应力监测断面与净空收敛监测断面宜处于同一位置
		监测点宜布设在拱顶、拱脚、墙中、墙脚、仰拱中部等部位，监测断面上每个预警指标不宜少于 5 个监测点
		需拆除竖向初期支护结构的部位应根据需要布设监测点

续表 5-13

序号	预警指标	监测点布设要求
6	周边地表沉降	监测点应沿每个隧道或分部开挖导洞的轴线上方地表布设，且监测等级为一级、二级时，监测点间距宜为 5~10m；监测等级为三级时，监测点间距宜为 10~15m
		应根据周边环境和地质条件，沿地表布设垂直于隧道轴线的横向监测断面，且监测等级为一级时，监测断面间距宜为 10~50m，监测等级为二级、三级时，监测断面间距宜为 50~100m
		在车站与区间、车站与附属结构、明暗挖等的分界部位，洞口、隧道断面变化、联络通道、施工通道等部位及地质条件不良易产生开挖面坍塌和地表过大变形的部位，应有横向监测断面控制
		横向监测断面的监测点数量宜为 7~11 个，且主要影响区的监测点间距宜为 3~5m，次要影响区的监测点间距宜为 5~10m
7	周围土体深层水平位移和分层竖向位移	地层疏松、土洞、溶洞、破碎带等地质条件复杂地段，软土、膨胀性岩土、湿陷性土等特殊性岩土地段，工程施工对岩土体扰动较大或邻近重要建（构）筑物、地下管线等地段，应布设监测孔及监测点
		监测孔的位置和深度应根据工程需要确定；土体分层竖向位移监测点宜布设在各层土的中部或界面上，也可等间距布设
8	地下水位	地下水位观测孔应根据水文地质条件的复杂程度、降水深度、降水的影响范围和周边环境保护要求，在降水区域及影响范围内分别布设地下水位观测孔，观测孔数量应满足掌握降水区域和影响范围内的地下水位动态变化的要求
		当降水深度内存在 2 个及以上含水层时，应分层布设地下水位观测孔
		降水区靠近地表水体时，应在地表水体附近增设地下水位观测孔。观测孔数量应根据工程需要确定

B　盾构法技术预警监测点设置

隧道工程中盾构法技术预警监测点设置宜符合《城市轨道交通监测技术规程》（GB 50911—2013）的规定，见表 5-14。

表 5-14　盾构法技术预警监测点设置要求

序号	预警指标	监测点布设要求
1	管片结构竖向、水平位移和净空收敛	在盾构始发与接收段、联络通道附近、左右线交叠或邻近段、小半径曲线段等区段成布设监测断面
		存在地层偏压、围岩软硬不均、地下水位较高等地质条件复杂区段应布设监测断面
		下穿或邻近重要建（构）筑物、地下管线、河流湖泊等周边环境条件复杂区段应布设监测断面
		每个监测断面宜在拱顶、拱底、两侧拱腰处布设管片结构净空收敛监测点，拱顶、拱底的净空收敛监测点可兼作竖向位移监测点，两侧拱腰处的净空收敛监测点可兼作水平位移监测点

序号	预警指标	监测点布设要求
2	盾构管片结构应力、管片围岩压力、管片连接螺栓应力	盾构管片结构应力、管片围岩压力、管片连接螺栓应力监测应布设垂直于隧道轴线的监测断面
		监测断面宜布设在存在地层偏压、围岩软硬不均、地下水位较高等地质或环境条件复杂地段,并应与管片结构竖向位移和净空收敛监测断面处于同一位置
3	孔隙水压力	同浅埋暗挖法
4	土体深层水平位移与分层竖向位移	同浅埋暗挖法
5	周边地表沉降	同浅埋暗挖法

5.4.1.5 隧道工程施工安全技术预警监测频率

监测频率应根据施工方法、施工进度、监测对象、预警指标、地质条件等情况和特点,并结合当地工程经验进行确定。监测频率应使监测信息及时、系统地反映监测对象的动态变化,并宜采取定时监测。浅埋暗挖法施工监测频率可参考《城市轨道交通监测技术规程》(GB 50911—2013)中矿山法的监测频率,见表5-15;盾构法施工监测频率宜符合表5-16。

当遇到下列情况时,应提高监测频率:监测数据异常或变化速率较大;存在勘察未发现的不良地质条件,且影响工程安全;地表、建(构)筑物等周边环境发生较大沉降、不均匀沉降;盾构始发、接收以及停机检修或更换刀具期间;浅埋暗挖法隧道断面变化及受力转换部位;工程出现异常;工程险情或事故后重新组织施工;暴雨或长时间连续降雨;邻近工程施工、超载、振动等周边环境条件较大改变。

表 5-15 矿山法施工监测频率

监测部位	监测对象	开挖面至监测点或监测断面的距离	监测频率
开挖面前方	周围岩土体和周边环境	$2B<L\le5B$	1次/2d
		$L\le2B$	1次/d
开挖面后方	初次支护结构、周围岩土体和周边环境	$L\le B$	(1~2次)/d
		$B<L\le2B$	1次/d
		$2B<L\le5B$	1次/2d
		$L>5B$	1次/(3~7d)

注:1. B—矿山法隧道或导洞开挖宽度(m),L—开挖面至监测点或监测断面的水平距离(m);

2. 当拆除临时支撑时应增大监测频率;

3. 监测数据趋于稳定后,监测频率宜为 1 次/(15~30d)。

表 5-16　盾构法施工监测频率

监测部位	监测对象	开挖面至监测点或监测断面的距离	监测频率
开挖面前方	周围岩土体和周边环境	$5D<L\leq8D$	1 次/（3~5d）
		$3D<L\leq5D$	1 次/2d
		$L\leq3D$	1 次/d
开挖面后方	管片结构、周围岩土体和周边环境	$L\leq3D$	（1~2 次）/d
		$3D<L\leq8D$	1 次/（1~2d）
		$L>8D$	1 次/（3~7d）

注：1. D—盾构法隧道开挖直径（m），L—开挖面至监测点或监测断面的水平距离（m）；

2. 管片结构位移、净空收敛宜在衬砌环脱出盾尾且能通视时进行监测；

3. 监测数据趋于稳定后，监测频率宜为 1 次/（15~30d）。

5.4.2　隧道工程施工安全技术预警警戒值

隧道地下工程施工图设计文件应明确预警指标的警戒值，预警指标警戒值应根据现行标准规范、工程地质条件、工程设计文件、工程监测等级等要求并结合当地工程经验进行确定，应满足监测对象的安全状态得到合理、有效控制的要求。

预警指标警戒值的确定依据详见表 5-17。

表 5-17　预警指标警戒值确定依据

预警指标	警戒值确定依据
支护结构	工程监测等级、支护结构特点及设计计算结果等
周边环境	现行标准规范、环境对象的类型与特点、结构形式、变形特征、已有变形、正常使用条件等
重要的、特殊的或风险等级较高的周边环境对象	现状调查与检测的基础上，分析计算或专项评估
周边地表沉降	岩土体的特性，结合支护结构工程自身风险等级和周边环境安全风险等级

5.4.2.1　浅埋暗挖法预警指标警戒值

浅埋暗挖法预警指标警戒值可参考《城市轨道交通监测技术规程》（GB 50911—2013）中矿山法相关规定值，见表 5-18 和表 5-19，其中给出了变形预警警戒值。力学预警警戒值目前尚未有明确的标准，可结合工程相关设计参数综合确定。

表 5-18 浅埋暗挖法隧道支护结构变形警戒值

监测指标及区域		累计值/mm	变化速率/mm·d⁻¹
拱顶沉降	区间	10~20	3
	车站	20~30	
底板竖向位移		10	2
净空收敛		10	2
中柱竖向位移		10~20	2

表 5-19 浅埋暗挖法隧道地表沉降警戒值

监测等级及区域		累计值/mm	变化速率/mm·d⁻¹
一级	区间	20~30	3
	车站	40~60	4
二级	区间	30~40	3
	车站	50~70	4
三级	区间	30~40	4

注：1. 表中数值适用于土的类型为中软土、中硬土及坚硬土中的密实砂卵石地层；

2. 大断面区间的地表沉降监测警戒值可参照车站执行。

5.4.2.2 盾构法预警指标警戒值

盾构隧道变形预警指标可参考《城市轨道交通工程监测技术规范》（GB 50911—2013）中相关规定设置，见表 5-20 和表 5-21。其中，给定了变形预警警戒值。力学监测控制值目前尚未有明确的标准，可结合工程相关设计参数综合确定。

表 5-20 盾构法隧道管片结构竖向位移、净空收敛警戒值

监测指标及岩土类型		累计值/mm	变化速率/mm·d⁻¹
管片结构沉降	坚硬~中硬土	10~20	2
	中软~软弱土	20~30	3
管片结构差异沉降		0.04%L_s	—
管片结构净空收敛		0.2%D	3

注：L_s 沿隧道轴向两监测点间距，D—隧道开挖直径。

5.4.2.3 周边环境预警指标警戒值

周边既有建（构）筑物预警指标警戒值的确定与本书 4.4.2 节相关内容相同。

表 5-21　盾构法隧道地表沉降警戒值

监测指标及岩土类型		工程监测等级					
		一级		二级		三级	
		累计值 /mm	变化速率 /mm·d⁻¹	累计值 /mm	变化速率 /mm·d⁻¹	累计值 /mm	变化速率 /mm·d⁻¹
管片结构沉降	坚硬~中硬土	10~20	3	20~30	4	30~40	4
	中软~软弱土	15~25	3	25~35	4	35~45	5
地表隆起		10	3	10	3	10	3

注：本表主要适用于标准断面的盾构法隧道工程。

5.4.3　隧道工程施工安全预警等级及区间划分

预警等级是通过定性分析与定量分析两种方法相结合人为地划分预警等级及相应的区间，从而反映警情的严重程度。由于各地工程地质条件、施工环境、建设技术水平均不相同，预警等级的分级标准也不同，通常由工程各参与主体及相关专家，结合工程实际综合确定，一般取预警警戒值的 70%、85%、100%。在各现行标准中，《北京市地铁工程监控量测技术规程》（DB11/T490—2007）中对预警等级进行了明确的划分，见表 5-22。

表 5-22　隧道工程施工安全预警等级划分

预警等级	预警状态
黄色预警	变形监测的绝对值和速率值二者均达到警戒值的 70%，或双控指标之一达到警戒值的 85%
橙色预警	变形监测的绝对值和速率值二者均达到警戒值的 85%，或双控指标之一达到警戒值
红色预警	变形监测的绝对值和速率值二者均达到警戒值

5.4.4　隧道工程施工安全技术

基于确定的预警等级及相应的区间，通过分析隧道工程施工过程中预警指标的监测数据，对施工现场进行警情诊断，分析可能发生的安全事故，以确定施工现场当前的安全现状；并通过预测方法对预警指标的变化趋势及可能出现的警情进行分析，最后，确定具体的、详细的控制措施。相关具体方法可参考本书 2.4.2.2。

5.5　隧道工程施工安全技术预警控制措施

5.5.1　预警阶段控制措施

（1）支撑变形控制措施主要包括：施工工序和质量的检查力度需加强；加强对支撑体系、周边地表器具、维护结构的内力、位移的监测；稳定变形，开挖渐缓；防止刚支撑坠落，对钢支撑采取吊护措施；复加预应力；当立柱隆起过大时，应加强监测支撑立柱，通过调整支撑与立柱之间的 U 形抱筋使次应力得到释放；增加临时支撑。

（2）潜在涌水风险控制措施主要包括：基底回弹需加强监测；对挖掘深度严格控制，避免超挖；用回灌水法控制建筑物旁边的地层沉降，但基坑在空旷区则不能采用此法，以深井点降低基坑外侧或内侧的承压水；用碎石对坑底换填；做止水帷幕；降压采用降压井；多次审查地质勘察报告，找出可能发生突涌的承压水层以及原因。

（3）地下管线变形控制措施主要包括：保护其开裂错位的管线，可以采用悬吊的方式，并暴露管线；支撑刚度增大；加大监测频率，巡视施工范围内的各种悬吊和管线；若管线现状与交底不符，则应立即通知有关单位进行现场查证，进行处理；加固悬吊管线下砌简支墩；隧道内土体被动区加固。

（4）周围建筑物沉降变形控制措施主要包括注浆加固和顶撑加固措施。

注浆加固时应注意：1）注浆孔布置与建筑物周边桩与地梁周边，主要在桩周布置，孔深根据建筑物桩基深度确定。2）缓慢加大注浆压力，注浆量根据地层加固区需填充的地层孔隙数量及现场试验确定。

顶撑加固时应注意：1）顶撑加固时，在楼地面上铺设钢板，选用门型支架或钢（木）支撑在选定的柱子周边对梁进行顶撑加固，分散地基承载，减轻不均匀沉降，控制建筑物变形。2）施工时，先对沉降过大的柱子周边进行顶撑，在竖向支撑底部设千斤顶加力或用木楔解紧，具体根据现场实际确定。

5.5.2　安全事故控制措施

（1）隧道内涌水涌砂事后控制措施主要包括：用注浆封堵的方式治理涌水故障，具体施工流程为在涌口位置插入大口径的导流管，为使四周土体封闭在导流管四周注入水泥浆，最后封闭导流管；然后加强降水，才能开始土方开挖；加固坑底土层可用高压旋喷桩；用回填土压载。

（2）管片渗漏、开裂控制措施主要包括：找出缺陷管片，人工凿除已破裂的混凝土，用细实混凝土填满，要求新旧混凝土紧密结合，强度达到要求，表面平整光滑，无剥离、无裂缝。对于存在裂缝的地方，使用高压水枪清理表面及裂缝内部，使用配合好的水泥浆液进行三遍刷涂。确保刷涂后的表面平整、光滑、均匀，裂缝内部填充密实。

（3）地下管线错位、开裂控制措施主要包括：施工过程中发现管线有异常现象或管位有差异，对管线的迁移或保留有影响时，应立即停止施工，同时与相关管线单位联系，落实保护管线的安全措施后，方可继续施工。若破损的是电力电缆并造成触电应立即启动触电应急方案；若破损的是燃气管线应按中毒应急预案处理；若破损的是自来水管、通信、有线电视等电缆应在通知相关部门的同时报公司领导。

（4）周围建筑物变形过大控制措施主要包括：及时停止开挖，在已开挖地方铺设临时钢支撑；垂直封闭注浆或斜向跟踪注浆以达到加固的目的；加固建筑物基础或对基础进行托换；监测地层分层沉降、水位和分层水平位移，并减少监测时间间隔加密监测点；回灌及做止水帷幕。

5.6　隧道工程施工安全技术预警案例

5.6.1　工程概况

5.6.1.1　项目基本情况

某地铁工程土建施工标段主要工程为"两站一区间"，即 A 站～B 站区间，右线切口里程 DK34+755.851，盾尾里程 DK34+760.745，隧道直径 6m，埋深 10~17.2m，管片拼装至 429 环，示意图如图 5-8 所示。

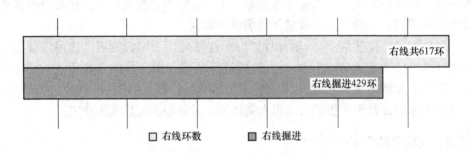

图 5-8　A 站～B 站区间施工示意图

5.6.1.2　工程地质和水文地质

A　地形地貌

A 站～B 站区间属滨海积平原地貌单元，工程区域新构造运动不明显，近场区构造活动微弱，地震震级小，强度弱，频率低；根据勘察结果，场地未见滑坡、泥石流。综上所述，场地属于较稳定场地。

B 工程地质

A 站~B 站区间隧道穿越土层主要为：全新统中段海积（Q_{42}^m）淤泥质粉质黏土、全新统下段冲湖积（Q_{41}^{al}）粉质黏土夹粉土、全新统下段浅海相沉积层（Q_{41}^m）淤泥质粉质黏土、上更新统河湖相沉积层（Q_{32}^{al}）黏土。

C 水文地质

场地地下水类型主要是第四纪松散岩类孔隙潜水和孔隙承压水：（1）孔隙潜水水量较大，地下水位随季节变化。勘探期间测得水位一般为 1.40~2.90m，相应高程 2.17~3.48m，根据区域水文地质资料，浅层地下水水位年变幅为 1.0~2.0m；（2）孔隙承压水：场区深层地下水属孔隙承压水，水量丰富，隔水层为上部的黏土层，承压含水层顶板高程为 -41.07 ~ -36.10m，承压水水头埋深 3.25m，对应承压水水头高程为 0.94m。

根据水质分析结果，场地内地表水、地下潜水对混凝土结构均具微腐蚀性；对钢筋混凝土结构中钢筋在长期浸水作用下均具微腐蚀性；地表水对钢筋混凝土结构中钢筋在干湿交替作用下具微腐蚀性，地下潜水对钢筋混凝土结构中钢筋在干湿交替作用下具有弱腐蚀性。

5.6.1.3 周边建（构）筑物及管线情况

A 站~B 站区间北侧为 W 小区 8~11 号住宅，南侧为待建项目施工空地、高层住宅 T 及 2~4 层民房，离区间边线间距 14~20m。

高层住宅 T 属框架结构，地基基础为桩基础。左线隧道边线与小区房屋最小平面距离为 14.89m，此处区间埋深 10.36m，线间距 17m。

W 小区 8~11 号住宅，基础采用预应力空心管桩（PHC），桩径为 $\phi500$~550mm，桩长为 31m。左线隧道边线与小区房屋最小平面距离为 11.86m，此处区间埋深 10.42m，线间距 16m。建筑物沉降观测点重点布设在外墙角、长边中部等突出部位，每隔 10~20m 处或隔 2~3 根柱基上。

区间上方管线主要敷设在道路两侧，主要为给水、燃气、雨水、污水、电力、通信等管线，沿线主要管线如表 5-23 所示。

表 5-23 管线概况一览表

序号	名称	材质	型号	埋深/m	与盾构关系
1	通讯	光纤	400×300	1.23	平行，斜交
2	给水	铸铁	$\phi400$	1.50~2.10	平行，斜交
3	雨水	砼	$\phi1200$	3.54~4.83	平行，斜交
4	污水	砼	$\phi300$	3.56~3.90	平行，斜交
5	燃气	钢	$\phi200$	1.31	平行，斜交
6	供电	铜	750×300	0.30	平行，斜交

5.6.2　工程安全风险

5.6.2.1　工程特点

A 站 ~ B 站区间隧道埋深 10 ~ 17.2m，隧道穿越土层的工程性能差，特点是高压缩性、低承载力，高灵敏性、高触变性，在盾构施工中易造成地面沉降、隆起。

周边有较多的建（构）筑物和一定数量的地下管线，综合考虑地面各种制约因素，本标段施工场地地面环境复杂，且较邻近房屋等其他建筑物，施工中对周边环境监测要求较高。

5.6.2.2　安全风险分析

在盾构区间施工前将该区间可能存在的安全风险进行分析汇总。根据其周边环境及相关工程经验，经分析，其安全风险管理对象汇总如表 5-24 所示。

表 5-24　A 站 ~ B 站区间风险管理对象

类别	编号	风险管理对象	详情描述	监测类别
盾构施工	A1	盾构机进出洞	在进、出洞过程中，施工环节多，工作量集中，各工种交叉施工频繁，且盾构机进出洞期间由于盾构机的各项技术指标未调整至最优状态，施工质量难以控制	重点监测
	A2	盾构机推进及管片拼装及注浆	盾构推进过程及注浆过程中控制不好容易造成施工（注浆）区域土体沉降（隆起）等	重点监测
	B1	高层住宅 T	地基基础桩基础，框架结构，左线隧道边线与小区房屋最小平面距离为 14.89m	重点监测
	B2	W 小区 8 ~ 11 号住宅	采用预应力空心管桩（PHC）基础，桩径为 $\phi 500 ~ 550mm$，桩长为 31m。为剪力墙结构距离隧道最小平面距离为 14m	重点监测
沿线管线	C1	刚性管线	区间沿线及交叉大量的给水、煤气等压力管线及雨污水管线等	重点监测
	C2	柔性管线	区间沿线的电力管线、通信管线等柔性管线	一般监测

5.6.3 监测方案

5.6.3.1 工程监测等级

根据《城市轨道交通工程监测技术规范》（GB 50911—2013），本工程隧道自身风险等级为二级，周边环境风险等级为二级，结合工程地质条件情况，综合确定监测等级为二级。

5.6.3.2 预警指标

根据设计图纸及标准规范，确定隧道区间预警指标见表 5-25。

表 5-25　A 站～B 站区间盾构段预警指标

序号	预警指标	
1	盾构隧道	管片收敛（右线）
2		管片竖向位移（右线）
3	周边建（构）筑物	地表沉降（右线）
4		建筑物沉降
5		管线沉降

由于监测点的布置是以点及面，难以完整反映监测范围及隧道区间的安全事故，因此日常的巡视工作尤显重要，一发现不利情况应利用仪器进行针对性的观测，从而及时了解险情并采取控制措施以确保施工现场的安全和稳定。现场巡视每天一次，并填写现场巡检记录表，特殊或紧急情况应加强现场巡查频率。巡视检查主要内容如表 5-26 所示。

表 5-26　日常巡视主要检查内容

序号	巡查类别	巡视检查内容
1	周边环境	周边管道有无破损、泄漏情况
2		周边建筑有无新增开裂缝出现
3		周边道路地面有无裂缝、沉陷
4	监测设施	基准点、监测点完好状况
5		监测元件的完好及保护情况
6		有无影响观测工作的障碍物
7	隧道巡视	环片有无裂纹、渗水滴漏积水情况
8		基准点及监测点稳定性及有无破坏等情况
9		隧道整体外观状况，施工节点、施工进展各时段可能存在的安全隐患等

5.6.3.3　监测频率

盾构法隧道监测频率见表 5-27。

表 5-27　盾构法隧道监测频率表

监测部位	监测对象	开挖面至监测点或监测断面的距离	监测频率
开挖面前方	周围岩土体和周边环境	30m＜L	采集初始值
		20m＜L≤30m	1 次/2d
		L≤20m	2 次/d
开挖面后方	管片结构、周围岩土体和周边环境	L≤30m	2 次/d
		30m＜L≤50m	1 次/d
		L＞50m	1 次/3d
隧道内部	隧道结构及收敛	盾构机尾部 50~200 环	1 次/3d
		盾构机尾部 200~500 环	1 次/7d

注：1. L 为开挖面至监测点或监测断面的水平距离（m）；
　　 2. 管片结构位移、净空收敛宜在衬砌环脱出盾尾且能通视时进行监测；
　　 3. 监测数据趋于稳定后，监测频率宜为 1 次（15~30d）。

5.6.3.4　预警区间

根据现行标准规范、工程设计文件以及相关施工经验，采用无警、轻警、中警、重警的多级报警的方式，相应颜色标识为绿色、黄色、橙色、红色。《北京市地铁工程监控量测技术规程》（DB11/T490—2007）中对预警等级进行了明确的划分，各级预警区间见表 5-28。

表 5-28　预警区间

类别	监测项目	变化速率/mm·d⁻¹				累计报警值/mm			
		绿色	黄色	橙色	红色	绿色	黄色	橙色	红色
盾构区间隧道	管片竖向位移	[0, 1.4)	[1.4, 1.7)	[1.7, 2)	≥2	[0, 14)	[14, 17)	[17, 20)	≥20
	管片净空收敛	[0, 2.1)	[2.1, 2.55)	[2.55, 3)	≥3	[0, 8.4]	[8.4, 10.2)	[10.2, 12)	≥12
周边建（构）筑物及管线	地表沉降	[0, 2.1)	[2.1, 2.55)	[2.55, 3)	≥3	[0, 28)	[28, 34)	[34, 40)	≥40
	建筑物沉降	[0, 2.1)	[2.1, 2.55)	[2.55, 3)	≥3	[0, 21)	[21, 25.5)	[25.5, 30)	≥30
	管线沉降	[0, 1.4)	[1.4, 1.7)	[1.7, 2)	≥2	[0, 14)	[14, 17)	[17, 20)	≥20

5.6.3.5　警情等级应对措施

经复测确定监测数据达到预警阈值时，立即书面或口头通知总包单位，监测数据成果应在 2h 内上报，并通知技术人员加密观测次数，必要时进行 24h 不间断监测，直至稳定为止。不同的警情等级采取的处理方式如下：

（1）黄色报警时监测人员应予以重视，加强监测频率，适当减缓施工速度，综合分析近期监测数据、巡视检查内容以及施工近况，找出监测数据异常的原因，采取对应措施进行处理。

（2）橙色报警时需加强隧道监测频率，增强巡视检查，留意该监测项目（点）的变形发展情况。适当减缓施工速度，分析变形原因，采取相应的处理措施，尽快阻止并消除危害。

（3）红色报警时需立即停止施工并立即向业主、监理、设计等各方汇报。加强隧道的监测频率，采取紧急处理措施对基坑已经出现的险情进行处理。必要时邀请专家，召开紧急会议确定警情处理方案。

（4）发生比较紧急的重大险情，应立即停止施工并向上级部门汇报，紧急联系所有相关部门（街道社区、道路、管线、警局、防汛等），启动应急预案，紧急组织所有应急人员到位，根据指令快速调集足够的应急物资到场，及时撤离、疏散附近人员、搬移贵重物体。

5.6.4　施工警情诊断

5.6.4.1　施工安全现状诊断

隧道工程施工过程中预警指标变化较大的监测值如表 5-29 所示，结合上述确定的预警区间，综合确定各指标警级，如表 5-30 所示。

表 5-29　预警指标监测值

监测项目	变化最大点	变化速率/mm·d^{-1}	累计量/mm
管片收敛（右线）	SL-R-120	-1.0	-7.0
管片竖向位移（右线）	GD-R-95	0.2	-12.9
地表沉降（右线）	DB-R-415-4	-2.8	-36.2
建筑物沉降	GY3	-1.6	-15.6
管线沉降	GX14	-1.8	-17.2

表 5-30　预警指标等级

类别	监测项目	速率警级/%	累计值警级/%	指标警级
盾构区间隧道	管片收敛（右线）	50	58	绿色
	管片竖向位移（右线）	10	64.5	绿色

续表 5-30

类别	监测项目	速率警级/%	累计值警级/%	指标警级
周边建（构）筑物及管线	地表隆沉（右线）	93	91	橙色
	建筑物沉降	53	52	绿色
	管线沉降	90	86	橙色

由于每个预警指标有多个监测点，所以在进行监控区内警情等级判定时，在有效数据中取有代表性或危险程度高的监测点所对应的警情等级作为该监控分区预警指标的警情等级。因此，上述预警指标的监测情况分析表明：

（1）管片收敛（右线）：数据正常。

（2）拱底沉降（右线）：数据正常。

（3）地表隆沉（右线）：当日 DB-R-415-4 累计变量：−36.2mm；DB-R-250 累计变量：−30.7mm；DB-R-255 累计变量：−29.7mm；DB-R-260 累计变量：−26.5mm；DB-R-265-3 累计变量：−24.2mm；DB-R-265-4 累计变量：−25.4mm；DB-R-265-5 累计变量：−19.4mm；DB-R-265-6 累计变量：−18.0mm；DB-R-360 累计变量：−27.8mm；DB-R-370 累计变量：−25.5mm；均达到橙色报警级别。

（4）建筑物沉降：数据正常。

（5）管线沉降：当日 GX24 累计变量：−23.1mm；均达到橙色报警级别。

经过现场施工情况调查，专家分析讨论，异常情况为：

（1）盾构上方覆土有软流塑等中压缩性土，受到扰动；

（2）盾构推进的过程中，由于向盾尾隧道外周建筑空隙中注浆不及时、注浆量不足，使得盾尾隧道周边土体失去原始三维平衡状态，而向盾尾空隙中移动，引起地层损失；

（3）盾构不断推进，造成土体初始应力发生变化，原状土经历了挤压、剪切、扭曲等复杂的应力路径，刀盘前方的原状土应力收到扰动，产生土体附加应力及孔隙水压力下密实度降低发生变形。

5.6.4.2　施工安全警级预测

通过对各个预警指标的持续监测，以 5~7 个工作日为周期，收集异常测点的观测数据来预测其变化趋势，从而为管理部门采取措施提供依据，更为高效、有力地避免安全事故的发生。

以地表沉降（右线）变化最大测点 DB-R-415-4 为例，其连续七天监测数据如表 5-31 所示。

选用灰色系统理论中应用最为广泛的 GM（1，1）模型对施工现场安全风险预警指标进行灰色预测、判断和预警。根据预警指标实测的一系列历史数据，将这些原始数据进行时间序列累加处理，削弱其随机性，找出实测数据其中固有的一些趋势发展规律，通过建立微分方程并求解，这样建立预测模型。经以上计算得出，未来七天的地面沉降（右线）预测数据如表 5-32 所示。

表 5-31　地表沉降（右线）测点 DB-R-415-4 部分监测数据表（11 月 2~8 日）

mm

日期	11 月 2 日	11 月 3 日	11 月 4 日	11 月 5 日	11 月 6 日	11 月 7 日	11 月 8 日
序号	1	2	3	4	5	6	7
累计值	-22.4	-22.8	-25.2	-27.9	-30.6	-33.4	-36.2

表 5-32　地表沉降（右线）测点 DB-R-415-4 部分预测数据表（11 月 9~15 日）

mm

日期	11 月 9 日	11 月 10 日	11 月 11 日	11 月 12 日	11 月 13 日	11 月 14 日	11 月 15 日
序号	8	9	10	11	12	13	14
累计值	-39.9	-43.8	-50.0	-52.6	-57.6	-63.2	-69.2

根据预测数据可知，按照目前的发展趋势，地表沉降（右线）的累计值将迅速增大。由表 5-28 可知，地表沉降警戒值为 40mm，在短期内 11 月 10 日可能超出警戒线，因此需引起各相关部门高度重视。

5.6.5　施工安全预警控制措施

由于进行盾构推进时，推进速度、排土量和千斤顶顶力等因素对土压产生影响，土压易发生波动，引起地面沉降。监测数据表明，地表沉降达到橙色预警（即中警），因此施工单位停止了盾构掘进，并对沉降处土体进行渗透—劈裂注浆加固，对盾构刀盘前方土体进行旋喷桩加固。加固时对土仓及盾壳外部注入膨润土，以防止水泥浆固结刀盘及盾壳。加固完成后及时恢复了路面交通，保证了建筑物及管线的安全。

盾构再次推进时，施工方主要采取了以下技术措施：

（1）对沉降处从地面进行注浆加固，同时通过管片吊孔进行洞内深孔注浆。

（2）在刀盘及土仓内，注入高分子分散剂，以缓解泥饼现象对掘进的影响。

（3）通过改用高效的泡沫剂，提高发泡倍率，加强渣土流塑性的改良。

（4）在刀盘前方及土仓内注入高分子聚合物，改善土体的和易性，使土体中的颗粒、卵石和泥浆成为均匀的整体，减小了喷涌现象。

（5）采用土压平衡模式掘进，严格控制出土量，尽量避免超挖，并及时进行补充注浆。

（6）及时掌握地面及周边建筑物监测情况，确保监测数据的准确性、连续性，更好地为隧道施工提供强有力的数据支持。同时安排专人巡视，一旦出现紧急情况，立即向值班负责人及相关人员报告，并及时采取应对措施。

通过以上一系列措施，渣土改良效果良好，盾构推进速度提高至 $10\sim25\text{mm}/\text{min}$。经监测，地面沉降情况良好。

6 地下穿越工程施工安全技术预警系统

《城市轨道交通监测技术规程》（GB 50911—2013）规定，对穿越既有轨道交通和重要建（构）筑物等周边环境风险等级为一级的工程，在穿越施工过程中，应提高监测频率，并宜对关键预警指标进行实时监测。

6.1 地下穿越工程定义、分类及特点

6.1.1 地下穿越工程的定义及分类

地下穿越工程是指新建隧道与既有隧道、建筑等存在正交、交错关系或新基坑工程上跨既有隧道的建设工程。由于地面交通和建筑环境的限制，新建隧道通常不能采用传统的明挖法施工技术，转而采用盾构法、顶管法、管幕–箱涵法等施工技术，用以穿越建（构）筑物、轨道交通等，则穿越工程面临的施工安全远相对高于其他工程。

根据新建工程与既有工程的空间位置关系，地下穿越工程可被分为下部穿越、上部跨越等类型。

下部穿越工程是指新建隧道工程在既有结构的下部正交或交错建设的工程，这一类型穿越工程主要为穿越既有隧道、既有建筑等，如图6-1所示。

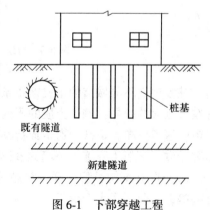

图6-1 下部穿越工程

上部跨越工程是指新建工程在既有结构的上部正交或交错建设的工程，这一类型穿越工程主要是新建隧道上跨既有隧道、新建基坑上跨既有隧道，如图6-2和图6-3所示。

6.1.2 地下穿越工程的特点

不同的地下穿越工程在既有结构类型、穿越方式、水文地质条件、结构类型等方面，差异很大，施工环境多样与既有结构类型多样使得各穿越工程的风险因素存在着显著的不同。

（1）施工环境多样性。城市环境本身就具有多样性，城市的地下环境则更

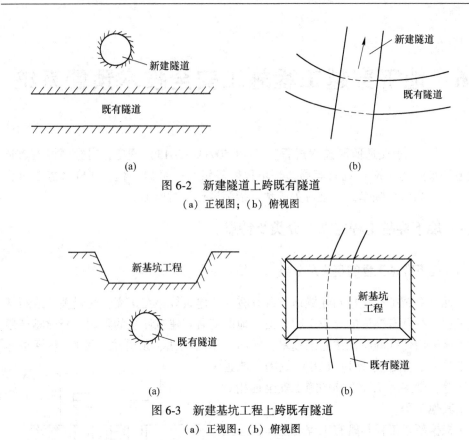

图 6-2　新建隧道上跨既有隧道

（a）正视图；（b）俯视图

图 6-3　新建基坑工程上跨既有隧道

（a）正视图；（b）俯视图

是错综复杂。不同城市的水文地质条件不同，同一城市的不同区域其地质条件也存在着巨大的差异，例如土质的不同、地下水位深度不同等。与此同时，城市地下市政管道密布，地铁隧道也穿行其中，高层建筑的基础更是深入地下。这些因素都导致了穿越工程施工环境的多样性。

（2）既有结构类型多样。穿越工程穿越的结构不仅局限于区间结构、车站结构等，还包括了大型地下停车场、超高层、自来水厂、教学楼等不同类型的结构。不同的结构所能承受的变形存在着明显的差异，其对变形的要求也不相同。根据穿越工程中既有结构的形式不同，需要采用不同的防控措施。

6.2　地下穿越工程施工安全风险

穿越工程多与既有建筑、既有区间隧道存在交叉，其施工难度远超过基坑、隧道工程，环境控制要求高，面临的安全风险巨大。穿越工程在施工过程中对土体的扰动不可避免，施工造成周围土层或土体的变形和应力场的改变，除了自身施工的安全风险外，还需考虑与既有结构之间的相互影响关系，主要包括两个方面：一是穿越工程对既有结构周边土层、基础、主体结构稳定性的影响；二是既有地铁运营时列车振动会通过土层对隧道工程施工产生影响。一般城市地下穿越工程中既有隧道多为既有轨道交通。

6.2.1 新建工程对既有结构的影响

6.2.1.1 新建隧道穿越既有轨道交通

A 正交

当新建隧道上跨既有轨道交通时，由于新建隧道开挖产生卸载作用，既有隧道会产生上浮变形。若两隧道间距非常小，可能会损伤既有隧道结构的拱作用，从而使既有隧道结构的初砌荷载增大。同样由于卸载作用，当新建隧道下穿通过既有隧道时，既有隧道会产生沉降变形，此变形可能会超过轨道变形的标准限值，从而影响地铁的正常运营。

B 交错

新建隧道与既有轨道交通交错时，既有隧道会向近接的新建隧道方向产生拉伸变形。同时由于新建隧道的施工，既有隧道附近围岩发生松弛，增加了作用在衬砌上的荷载。

上述穿越方式都可能导致既有轨道交通结构的受力失衡，使结构发生局部的水平位移、沉降、拉伸、压缩、剪切、弯曲等诸多变形，造成隧道的坍塌、限界的改变、道床的沉降、轨道几何形位的变化等。

6.2.1.2 新建隧道下穿既有建筑

新建隧道下穿既有建筑时，土体开挖会导致土体变形，从而对地基承载力、稳定性产生影响。既有建筑会产生下沉变形，可能引起既有建筑过大沉降，施工中处理不当可能扰动既有建筑的基础，导致基础发生变形或破坏。新建隧道施工对既有建筑影响的风险主要是基础的变形破坏、建筑的过大沉降或不均匀沉降以及建筑的倾斜、开裂。

6.2.1.3 新建基坑上跨既有轨道交通

新建基坑上跨既有轨道交通时，随着土体的开挖会产生上浮变形，引起运营地铁隧道的附加应力与变形，因此需对基坑底部、周边、隧道等进行加固处理，若处置不当则会造成隧道变形破坏，严重时会引发隧道管片出现裂缝或局部破坏，甚至会造成地铁隧道纵向变形过大而影响轨道交通的正常运营。

6.2.2 既有地铁对新建工程的影响

既有地铁对新建工程的影响主要体现在轨道运行时的冲击荷载和机车的振动对土体开挖和衬砌结构施作的影响。这种影响通过加大地层的变形，进而会对既有结构产生影响，也会给新建工程带来诸多风险，如坑底隆起、突涌破坏、支护结构破坏、塌方等。

6.2.3 地下穿越工程安全事故

地下穿越工程施工周边环境的复杂性，新建工程与既有建筑的相互影响使得穿越工程面临着诸多的安全风险，并且地下穿越工程一旦发生安全风险事故会对新旧结构均产生影响，造成人员伤亡和损失。地下穿越工程常见安全风险事件见表 6-1。

表 6-1 地下穿越工程常见安全事故

风险事件主体	风险事件
既有建筑	既有建筑物倾斜
	既有建筑物裂缝
	既有建筑物沉降过大
	既有建筑基础破坏
既有轨道交通	隧道结构破坏、管片接头漏水
	道床沉降、轨道几何变形影响隧道正常运营
	隧道结构出现裂缝
新建隧道或基坑工程	塌方
	涌水涌砂
	支护结构变形过大或失稳

6.3 地下穿越工程施工安全技术预警方法

穿越工程施工过程中，既有建筑、轨道交通以及新建基坑、隧道的变形具有极大的复杂性和不确定性。因此为保障地下穿越工程安全施工必须进行精密、自动、全面的变形监测和科学的分析预测，以便及时发现危险隐患，采取应对措施。

6.3.1 安全监测范围界定

地下穿越工程监测范围的确定要基于大量工程实践和理论计算分析才能实现，目前国内还没有形成统一的确定方法，常根据既有结构与穿越工程的位置关系以及当地的工程经验，粗略地确定受影响需要采取措施范围与需要注意的范围。

6.3.2 工前既有结构检测评价

6.3.2.1 工前既有结构检测

在新建工程施工前，必须通过调查、检测等手段，详细了解既有结构的原始资料、外观现状等基础情况，分析、评价既有建筑、隧道设施变形、劣化、损伤等状况。

现场外观初步调查包括对既有隧道结构的破损、渗漏、裂缝、变形缝张开，对既有建筑的倾斜、裂缝、沉降等情况进行观察或测量。当发现既有建筑、隧道结构存有病害，应以影像记录或检测数据等方式对其发生部位及当前状态进行详细描述。工前检测项目见表6-2，其中的检测项目可根据既有建筑、隧道结构的实际情况进行调整。

表6-2 工前检测项目表

| 评价项目 | | 评价等级 | | |
项目分类	项目名称	一级	二级	三级
结构	渗漏量检测	*	*	*
	混凝土裂缝检测	*	*	*
	变形缝调查	*	*	*
	建筑物基础检测		*	*
	混凝土强度检测		*	*
	碳化深度		*	*
	钢筋锈蚀检测			*
	混凝土保护层厚度检测			*
	钢筋位置检测			*
限界	建筑限界	*	*	*
轨道	轨道几何形位调查		*	*
	钢轨及零部件调查	*	*	*
	道床裂缝调查	*	*	*
	道床结构剥离调查		*	*
线路	线路平纵断面调查	*	*	*

6.3.2.2 评价等级

工前检测评价宜在资料调查及现场外观初步调查的基础上，参考《城市轨道交通设施养护维修技术规范》（DB11/T 718—2016）进行评级。评价等级分为三级，一级为轻微病害，二级为一般病害，三级为较重病害。

6.3.2.3 工前检测评价报告

现场检测完成后应编制工前检测评价报告，报告包括项目背景、检测评价范围、评价项目、依据、方法、仪器设备、人员、现状初步调查、现场检测成果、结论及建议等内容。该报告应对工前检测评价工作进行总结，综合评价既有建筑物、既有轨道交通设施结构、轨道等方面的技术状态，对穿越城轨工程的初步专项设计方案和安全评估提出建议。工前检测评价结论应在结构、限界、轨道、线路等检测结果的基础上进行综合分析。应明确结构的变形和强度、建筑限界、轨道几何形位、线路平纵断面是否满足相关规范或行车要求。对道床与结构是否存在剥离状况以及剥离程度有明确描述，初步评价存在的病害对既有城市轨道交通设施安全的影响及影响程度，为后续穿越工程施工提供参考。

6.3.3　安全风险评估

6.3.3.1　安全评估内容

穿越工程施工前需结合既有建筑物、既有轨道交通的地勘资料、初步专项设计资料、工前检测评价报告、设计资料、大修或专项维修资料等对既有工程进行安全评估。安全评估的范围应由评估单位依据工前检测评价报告、初步专项设计方案等确定，并经轨道交通运营单位及产权单位确认。安全评估的对象为评估范围内的既有建（构）筑物的基础、主体结构和既有轨道交通的隧道、涵洞、路基主体结构，出入口、风亭、通道等附属结构，道床、轨道，人防门、电梯、屏蔽门、消防管道等重要设施。

6.3.3.2　安全评估技术

安全评估需对评估对象的受力变形情况进行计算。主体及附属结构的评估计算主要是进行变形分析、强度及承载力验算，给出主要评估对象的主要工序的应力图、变形图，应力集中部位、最大变形部位、最大变形量及方向等。轨道、道床的评估计算应进行轨道几何形位，道床变形，道床与结构连接状况评估等，给出最大变形部位、最大变形量及方向等。重要设施设备的评估计算应进行变形分析，给出最大变形部位、最大变形量及方向等。

6.3.3.3　安全评估报告

最终形成的安全评估报告，对既有建筑、轨道交通的工程概况、与新建工程的空间位置关系、设计单位、施工单位等情况进行说明；对穿越工程施工的安全影响范围、影响程度给出明确结论；并对穿越工程专项设计及施工，穿越工程施工期间的监测范围、监测对象、监测项目和监测控制值，以及穿越工程施工时应注意防范的安全风险及应对措施给出建议。

6.3.4　监测方案

穿越工程的监测方案应由监测单位根据施工图专项设计并结合工前检测报告、安全评估报告、施工方案等编制监测实施方案。监测实施方案应包括工程概况、监测项目、依据、测点布置、监测方法、仪器设备、人员、频率及周期、监测控制值、监测数据管理、日常巡视内容及要求、监测工作计划、质量安全保证措施等。

6.3.4.1　既有结构预警指标

穿越工程的监测项目应根据穿越既有建筑、轨道交通等的安全评估报告、施工图专项设计及运营管理要求，综合施工安全性专家评审意见确定。预警指标除新建基坑、隧道的常规预警指标外，还应包括既有建筑、轨道交通的监测，见表6-3。

表 6-3　既有建筑、轨道交通预警指标参考

既有结构类型	参考预警指标
轨道交通地面线路	路基及其附属构筑物的变形
	道床竖向变形和水平变形
	轨道几何形位变化
轨道交通地下线路	隧道结构的竖向变形和水平变形
	道床竖向变形和水平变形
	轨道几何形位变化
	隧道结构变形缝的变化
	人防门、自动扶梯、屏蔽门等重要设备与结构连接状况
既有建筑	基础的变形
	基础的内力
	竖向位移
	裂缝宽度

6.3.4.2　监测点布设

穿越工程中既有轨道交通、建筑监测点的位置应具有代表性，应能反映监测对象的变化特征。监测基准点应按《工程测量规范》（GB 50026—2007）的要求设置，选在穿越工程施工影响范围以外的区域，并满足长期的监测要求。基准点的数量不少于3个。

A　既有轨道交通测点布设

既有轨道交通的监测点应以轨道交通设施的穿越段中心或影响较大位置为中线，按照近密远疏的原则进行布置。测点间距宜取 2~10m，穿越中心区域可适当加密。

在监测范围内，轨道交通设施的以下部位应布置监测点：

（1）既有设施受穿越工程影响较大部位；

（2）结构的变形缝两侧各 0.5m 范围外；

（3）工前检测、安全评估报告及其他建议进行监测的部位。

既有轨道交通隧道结构竖向位移、水平位移和净空收敛监测应按监测断面布设，监测断面间距不宜大于 5m，每个监测断面宜在隧道结构顶部或底部、结构柱、两边侧墙布设监测点。

既有轨道交通地面线竖向位移监测应在每个监测断面的每条股道下方的路基及附属设施上布设监测点。

既有轨道交通整体道床或轨枕的竖向位移监测应按监测断面布设，监测断面与既有隧道结构或路基的竖向位移监测断面宜处于同一里程。

既有轨道静态几何形位监测点的布设应按城市轨道交通或铁路的工务维修、养护要求确定。

B　既有建筑监测点布设

既有建筑监测点的布设应参考表 4-7 进行设置。在穿越工程中，新建隧道下穿既有建筑时可结合工程实际情况适当增设监测点的数量。应设置既有建筑基础、桩基的变形监测点，包括水平位移、竖向位移以及内力的监测点。

6.3.4.3　监测频率

穿越工程的监测频率应结合工程实际情况和施工图专项设计，参考本地工程经验确定。当无工程经验时可参考《穿越城市轨道交通设施检测评估及监测技术规范》（DB11/T 915—2012）进行设置。对既有建筑物或轨道交通风险等级为一级的工程，在穿越工程施工中，应提高监测频率，并对关键项目进行实时监测。对于既有轨道交通当采用人工监测方法时，监测频率可参照 DB11 490—2007 地铁工程监控量测技术规程设置；当采用自动化系统监测时，数据采集频率可采用 20~60min/次。对于既有建筑以及新建部分的监测频率可参照第四章、第五章相应监测频率的要求以及穿越工程实际情况设定。当发生预警或既有轨道交通运营单位有要求时，监测频率可适当加密。

穿越工程的基础时间宜从工程施工之前持续至穿越施工完成 1 年且结构变形稳定后。变形稳定标准为最后 100 天的平均速率不大于 0.01mm/d。

6.3.4.4　预警指标警戒值

预警指标警戒值的确定直接影响着监测预警的质量和效果。穿越工程预警指标警戒值的设置较常规的基坑工程和隧道工程更严格，应结合工前检测报告、安全评估报告、施工方案以及当地工程经验等通过分析计算或专项评估进行确定。对既有轨道交通和建筑物的报警值设置可参考《城市轨道交通工程监测技术规范》（GB 50911—2013）执行。

A　既有建筑物

既有建筑物预警指标警戒值的设置应在调查分析建筑物使用功能、建筑规模、修建年代、结构形式、基础类型、地质条件等基础上，结合与新建工程的空间位置关系，已有沉降、差异沉降和倾斜以及当地工程经验进行确定。

对风险等级为一级、二级的建筑物，宜通过结构检测、计算分析和安全评估确定建筑物的沉降、差异沉降和倾斜警戒值。

当无工程经验时，对于风险等级较低且无特殊要求的建筑物，沉降控制值宜为 10~30mm，变化速率控制值宜为 1~3mm/d。沉降差异控制值宜为 0.001l~0.002l（l 为相邻基础的中心距离）。

B　既有轨道交通

轨道交通的监测报警值应结合地质条件、轨道结构形式，新建工程与既有轨道交通的位置关系，当地经验以及安全评估中的计算分析和监测控制值的建议合理设置。当无地方工程经验时可参考表 5-18 和表 5-19 中的报警值进行设置。

6.3.5　警情诊断

6.3.5.1　预警区间

目前一般以变形累计量警戒值 u_1 和变化速率警戒值 u_2 的百分比进行区间划分，在《穿越城市轨道交通设施检测评估及监测技术规范》（DB11/T 915—2012）中采取表 6-4 的方式进行区间划分。工程实际中区间的划分、百分比的选取可结合工程实际自行确定。

表 6-4　预警区间划分

区间 项目	绿色	黄色	橙色	红色
变形累计量	$(0~70\%)u_1$	$[70\%~80\%)u_1$	$[80\%~100\%)u_1$	u_1
变化速率	$(0~70\%)u_2$	$[70\%~80\%)u_2$	$[80\%~100\%)u_2$	u_2

6.3.5.2　警情等级

穿越工程一般采用多级预警。预警等级的划分应结合工程实际、相关规范，参照当地工程经验确定。在《穿越城市轨道交通设施检测评估及监测技术规范》（DB11/T 915—2012）中将预警等级划分为三个级别，即黄色预警、橙色预警和红色预警，并给出双控型预警指标警情等级的确定依据，见表 6-5。工程实际中可参考表 6-5 或表 2-5。

表 6-5　双控型预警指标警情等级确定依据

变形累计量 变化速率	绿色	黄色	橙色	红色
绿色	绿色	黄色	橙色	红色
黄色	黄色	黄色	橙色	红色
橙色	橙色	橙色	橙色	红色
红色	红色	红色	红色	红色

6.3.5.3 诊断报警及响应

基于确定的预警等级及相应的区间，通过分析穿越工程施工过程中预警指标的监测数据，对预警指标进行警情诊断，以反映施工现场当前的安全现状；并通过对已测数据根据日报、阶段报告要求及时进行整理，结合施工进度与监测数据的变化趋势对预警指标的变化趋势及可能出现的警情进行分析，最后确定具体的、详细的控制措施，相关具体方法可参考本书2.4.2.2。

当监测数据达到预警条件时，应按相应的报警状态发出预警并启动相应的预警响应。

黄色预警：发送预警快报，加密监测并协助分析原因。

橙色预警：发送预警快报，加密监测，启动会商机制，并采取调整开挖进度、优化支护参数、完善工艺方法等措施。

红色预警：发送预警快报，加密监测，启动会商机制和应急预案，并立即采取必要的补强或停止开挖等措施。

6.4 地下穿越工程施工安全技术预警案例

6.4.1 工程概况

6.4.1.1 项目基本信息

某地下工程位于高铁站站房东侧，长途汽车站南侧，既有地铁1号线盾构区间从广场地块中部穿过，周边用地主要为二类居住用地、行政办公用地以及商业金融用地。该工程主要使用功能为地下车库与地下商场，分南北两部分对称设置于地铁盾构区间两侧，并在盾构区间上部通过三个连接通道将两部分主体连通，如图6-4所示。主体基坑重要性等级为一级，连接通道基坑等级为二级。基坑工程开挖深度约为20m，东西方向长约176m，南北方向长约269m。

6.4.1.2 工程地质条件

第1层：杂填土（Q_4^{ml}），层底埋深0.70~15.70m，平均厚度6.58m。

第2层：粉土夹粉砂（Q_{4-3}^{al}），层底埋深2.60~18.50m，平均厚度3.15m。

第3层：粉质黏土（Q_{4-2}^{l}），层底埋深4.90~20.80m，层厚0.50~3.50m。

第4层：粉土夹粉质黏土（Q_{4-2}^{l}），层底埋深10.30~24.50m，平均厚度4.84m。

第5层：粉质黏土（Q_{4-2}^{l}），层底埋深14.00~29.00m，层厚0.30~7.20m。

第6层：细砂（Q_{4-1}^{al+pl}），层底埋深22.90~37.20m，层厚6.80~12.00m。

第7层：粉质黏土（Q_{4-1}^{al}），黄褐色，可塑~硬塑，稍有光泽，干强度中等，韧性中等，含铁锰质浸染，含较多姜石，局部夹粉土。层厚1.00~6.70m，平均

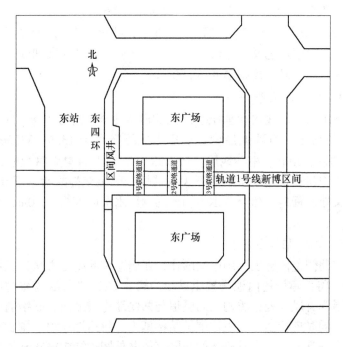

图 6-4　工程项目平面图

厚度 1.99m，层底标高 54.19～61.55m，平均标高 59.46m，层底埋深 24.50～40.50m，平均埋深 31.08m。

第 8 层：细砂（Q_{4-1}^{al+pl}），黄褐色，饱和，密实，颗粒级配不良，颗粒成分主要由石英、长石、云母组成，局部夹粉土。层厚 3.00～11.00m，平均厚度 7.96m，层底标高 48.30～53.90m，平均标高 51.50m，层底埋深 33.00～48.60m，平均埋深 39.04m。

第 9 层：粉质黏土（Q_3^{al}），黄褐色～黄色，可塑～硬塑，干强度高，切面有光泽，韧性中等，含黑色铁锰质浸染及较多姜石，局部胶结，局部夹黄色密实粉土。层厚 1.00～8.00m，平均厚度 3.47m，层底标高 42.37～52.40m，平均标高 48.05m，层底埋深 35.30～53.00m，平均埋深 42.35m。

第 10 层：细砂（Q_3^{al}），黄褐色，饱和，密实，颗粒级配不良，颗粒成分主要由石英、长石、云母组成，该层分布不均，局部缺失。层厚 1.00～6.30m，平均厚度 3.36m，层底标高 41.40～48.50m，平均标高 45.84m，层底埋深 39.00～3.00m，平均埋深 45.07m。

第 11 层：粉质黏土（Q_3^{al}），棕黄色，硬塑～坚硬，干强度高，切面有光泽，韧性中等，含铁锰质浸染，姜石含量较高，局部胶结，成分不均，局部夹细砂。层厚 11.00～16.50m，平均厚度 13.48m，层底标高 30.35～34.18m，平均标高

32.02m，层底埋深 53.00~67.00m，平均埋深 58.88m。

第12层：粉质黏土（Q_2^{al}），棕色~棕红色，硬塑~坚硬，干强度高，切面有光泽，韧性高。含蓝灰色及黑色斑点、条纹，含姜石，局部夹细砂。该层在勘探深度范围内未揭穿，最大揭露厚度 10.00m。

6.4.1.3　工程水文条件

场区地下水为上层浅水和承压水。孔隙潜水主要赋存于 7.8~11.3m 以上的 Q_{4-3}^{al+pl}、Q_{4-2}^{al+pl} 的粉土、粉砂地层中。承压水主要赋存于 13.9~37.0m 范围内的 Q_{4-1}^{al+pl} 粉土、粉砂、细砂、中砂地层。地下水对混凝土结构无腐蚀性，对钢筋混凝土结构中的钢筋在长期浸水状态下无腐蚀性，干湿交替的状态下有弱腐蚀性。结合区域水文地质资料，综合考虑本场地的承压水头高度为 12.0m，其对应高程为 82.50m。

6.4.1.4　工程施工步序

该工程南北侧主体施工采用中间顺作、四周逆作的施工方法，工程施工主要顺序为：（1）将拟建场地内地表覆土进行清运；（2）进行隧道盾构区间土体加固施工，包括既有风井处、盾构区间隧道与两侧地连墙之间、联络通道处的三轴搅拌桩。与此同时进行南、北主体围护结构施工，包括地连墙、围护桩、逆作区抗拔桩及降水井施工，其中盾构区间、既有风井处围护结构需在土体加固完成后才能进行施工；（3）地连墙、围护桩、逆作区抗拔桩等完成后，进行顺作区土体开挖、支护以及围护桩锚索施工，土方开挖至一定深度时进行顺作区抗拔桩施工；（4）顺作区土方开挖完成后进行接触网、垫层施工，然后从基础底板开始由下向上逐层进行主体结构施工；（5）逆作区由负一层顶板开始，自上而下施工至底板；（6）在南、北两侧主体结构完成并达到一定强度后，进行防水层、土方回填等施工，同时开始南北两侧联络通道主体结构施工，施工前需完成联络通道围护桩、抗拔桩等施工，然后进行分段、分层进行土方开挖、条形板带施工，条形板带达到一定强度后进行主体结构施工。由于南北侧主体对称施工且布局、规模均一致，所以仅列出一侧主体结构施工顺序，如图 6-5 所示。此外，连接通道截面与既有地铁隧道关系如图 6-6 所示。

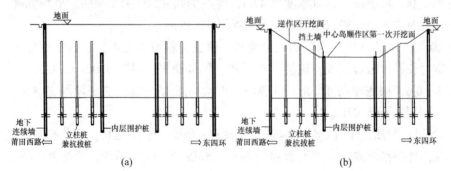

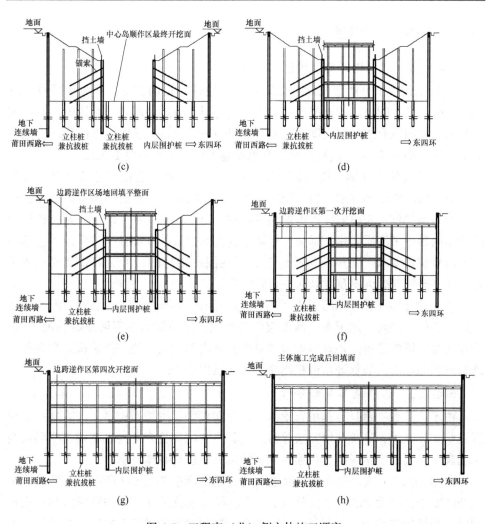

图 6-5　工程南（北）侧主体施工顺序

（a）施工地连墙、围护桩、立柱；（b）放坡开挖至内层围护桩顶；（c）中心顺作区开挖至基坑底部；
（d）中心结构主体顺作；（e）边跨逆作区场地平整；（f）边跨逆作区施作顶板；
（g）边跨逆作区主体结构依次逆作；（h）回筑预留孔，施作防水，覆土

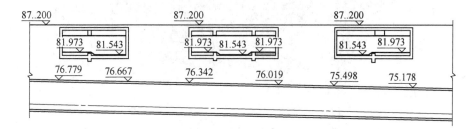

图 6-6　地铁隧道上方施作南北侧主体三个连接通道

6.4.2　工程施工安全风险

6.4.2.1　工程施工安全风险初步分析

（1）工程施工可能造成既有区间隧道与地铁轨道的变形。南北侧深基坑施工、横跨地铁区间隧道的连接通道的施工均会对既有地铁隧道产生影响，其中连接通道底距离既有盾构区间隧道结构顶最小净距约 4m，三轴搅拌桩距既有地铁隧道结构最小距离 1m，抗拔桩距既有地铁隧道结构最小距离 1.5m。

（2）若基坑工程围护结构施工质量存在问题，则可能造成基坑自身变形失稳，既有区间隧道的变形。整个施工过程的围护结构涉及南北区周边地连墙；顺作区四周围护桩，三座连接通道两侧围护桩。对围护桩、地连墙、三轴搅拌桩等围护结构制定工序质量保证措施，保证结构空间位置的准确性，确保围护主体的工程质量满足要求。主体结构的施工必须在围护结构的强度达到设计要求后进行，主体开挖至锚索高度时及时进行锚索施工。

（3）由于地下水位高于主体结构底板，因此若降水措施不合理，则可能造成透水事故。同时，地下水位高度应严格控制，以防既有区间隧道结构的下沉。合理的降水措施是提高地基承载力和减少土体主动土压力的有效措施。当顺作区地板施工完成后，要保证水位控制在结构地板以下 1m。

6.4.2.2　工程施工变形分析

由于该工程项目具有基坑开挖深，开挖面积大，围护结构多，既有地铁区间隧道防护难度大，施工环境复杂等特点，其中基坑自身变形与既有隧道变形成为工程施工重要的安全风险，拟通过数值模拟方法进行具体分析。

采用 FLAC3D 5.0 软件建立数值模型，划分网格如图 6-7 所示。模型共有节点 86706 个，单元 78584 个，分组 142 个。根据基坑设计和盾构隧道区间的设计图纸、地勘报告和相关的资料，考虑各个结构相对的位置和开挖影响的边界，设定模型长×宽×高＝380m×310m×60m。

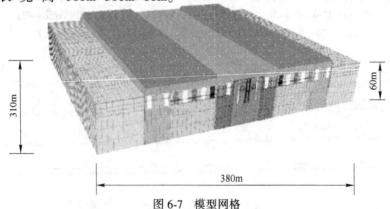

图 6-7　模型网格

该工程体量庞大，涉及的工序复杂，各工序之间的转换衔接成为建模和编写代码的难点。本数值模拟过程中，精细化考虑各种施工细节和施工条件，尽可能将数值模拟工况与实际施工相吻合。为此，总结出如下 19 个施工步骤：Step1 场地上覆土体开挖；Step2 抗拔桩及隧道周边注浆加固；Step3 横通道区域加固；Step4 顺作内基坑上部开挖施工；Step5 顺作内基坑中部开挖施工；Step6 顺作内基坑下部开挖施工；Step7 顺作内基坑梁板柱施工；Step8 逆作外基坑地连墙施工；Step9 逆作外基坑左部 1 层开挖施工；Step10 逆作外基坑前后 1 层开挖施工；Step11 逆作外基坑右 1 层开挖施工；Step12 逆作外基坑左 2 层开挖施工；Step13 逆作外基坑前后 2 层开挖施工；Step14 逆作外基坑右 2 层开挖施工；Step15 逆作外基坑左 3 层开挖施工；Step16 逆作外基坑前后 3 层开挖施工；Step17 逆作外基坑右 3 层开挖施工；Step18 人行通道 2 施工；Step19 人行通道 1、3 施工。

为更合理地分析各部分施工对既有隧道变形的影响，将两侧基坑施工整体分为四步分开讨论：（1）基坑开挖前的施工，隧道周边预加固及上覆堆土的清理。其中包括通道加固区搅拌桩施工、格栅加固区搅拌桩施工、围护桩施工、地连墙施工、通道抗拔桩施工，即 Step1～Step3，称为 S1；（2）基坑中心岛顺作开挖，开挖分三层，由上至下命名为上、中、下部，即 Step4～Step7，称为 S2；（3）基坑周边中心岛外逆作开挖，由上至下，分层开挖，即 Step8～Step17，称为 S3；（4）人行通道施工。Step18～Step19，以下称 S4。S0 工况为基坑未施工时的各项指标状态。

取 S1、S2、S3、S4 施工步情况下，数值分析从两个角度展开，一方面从基坑自身变形的角度，对基坑开挖后的抗拔桩、顺作区基坑外围支护、逆作区基坑外围支护水平位移和竖向位移进行分析；另一方面从既有地铁隧道结构变形的角度，对基坑开挖后既有地铁隧道结构的道床变形、收敛变形、拱顶沉降以及衬砌拱顶及隧道的应力监测进行分析，监测断面及断面测点布置图如图 6-8 所示。

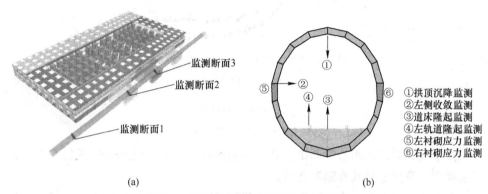

(a)   (b)

图 6-8　隧道内监测断面及测点布置图

（a）监测断面布置图；（b）监测断面测点布置图

　　需要说明的是，变形分析前还应对建立模型的合理性进行验证。将基坑开挖施工期间监控量测的拱顶沉降数据与本数值模拟施工法下的拱顶沉降进行对比，如图 6-9 所示，可以看到初始地应力场接近成层状态，且现场监控量测数据得到的沉降变形规律基本与数值模拟得到的规律发展趋势近似，可以认为本模型参数取定合理，可以进行进一步分析。需要说明的是，本模型计算过程中考虑降水对施工的影响，将降水后土体中水的因素的考量放在土体参数中进行折算，所以数值模拟方法得到的值与实际监控量测相符，也更趋于保守，是相对正确的做法。

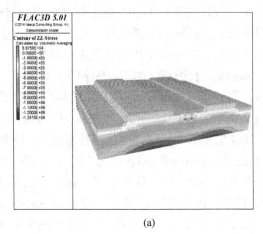

(a)

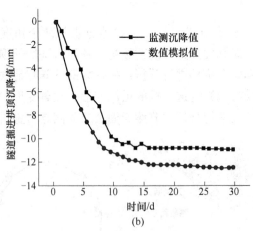

(b)

图 6-9　模型合理性验证

（a）初始地应力云图；（b）监测与数值模拟值对比

　　由于既有隧道两侧基坑形状、规模等基本对称一致，因此仅分析单侧基坑施工过程中自身变形与既有隧道变形。

　　工程施工过程中，支护变形一是内部顺作区核心岛周边围护结构的变形，二是外部逆作区周边围护结构的变形。

（1）对顺作区围护结构进行位移分析，内基坑最大的水平位移发生在 S2 施工步，为 62.62mm（表6-6），最大的竖向位移也发生在 S2 施工步，为 21.20mm（表6-7），这主要是顺作区开挖土方量大，基坑内部卸载导致。

表6-6　顺作区外围支护水平位移　　　　　mm

施工步	S2	S3	S4
顺作区外围支护最大水平位移	62.62	52.44	41.38

表6-7　顺作区外围支护竖向位移　　　　　mm

施工步	S2	S3	S4
顺作区外围支护最大竖直位移	21.20	14.33	15.04

（2）对逆作区围护结构进行位移分析，逆作区的围护结构水平位移和竖向位移明显小于顺作区，其最大水平位移为 7.11mm（表6-8），最大竖向变形为 18.61mm（表6-9），这主要是因为逆作法边挖边支护，各层顶板及内柱能够较好地控制围护结构的变形。当横通道进行开挖，发生的一定卸载，逆作区靠近横通道处的围护结构的水平和竖向位移有所降低。

表6-8　逆作区外围支护最大水平位移　　　　　mm

施工步	S3	S4
逆作区外围支护最大水平位移	7.11	4.96

表6-9　逆作区外围支护竖向位移　　　　　mm

施工步	S3	S4
逆作区外围支护竖向位移	18.61	13.90

（3）对抗拔桩进行变形分析，工程对既有地铁隧道的加固采用抗拔桩及土体的注浆加固，达到止水、阻水的目的，而且形成隔离带，便于基坑的降水作业。抗拔桩施工后，基坑顺作区施工相当于是对隧道进行侧向卸载，因此桩体受力状态改变，桩体的竖向和水平向位移都增大。当逆作区施工（S3）完成时，抗拔桩的水平位移继续变大而竖向位移降低，见表6-10和表6-11，这主要是因为抗拔桩受到逆作区每层顶板的水平约束作用，而当进行横通道开挖，则抗拔桩的水平位移和竖向位移均有所下降，这是桩侧卸载导致的。

表6-10　抗拔桩水平位移　　　　　mm

施工步	S1	S2	S3	S4
抗拔桩水平位移值	3.18	4.49	4.74	3.94

表 6-11　抗拔桩竖向位移　　　　　　　　　　mm

施工步	S1	S2	S3	S4
抗拔桩竖向位移值	3.27	8.51	8.13	7.07

（4）对既有隧道拱顶进行变形分析，拱顶变形沉降情况可以直观反映隧道竖向的变形和受力情况，进而反映其隧道整体稳定性情况，结果如图 6-10 所示。可以看出清理覆土后，拱顶产生部分的隆起，随后，侧向的基坑开挖，侧向的约束解除，隧道的拱顶也呈现逐渐缓慢的隆起趋势，整个过程中内基坑施工阶段产生了 1.8mm 的隆起，而外基坑施工仅产生了 1.1mm 的隆起，且主要集中在靠近隧道施工部分产生的隆起。最后横通道开挖，卸载，隧道拱顶处的负重解除，也会产生一个隆起突变，其中 2 号通道施工对隧道的影响大于 1、3 施工的影响。整个过程中，影响最大的是 2 号通道下方的测点，其次是 3 号测点，而基坑开挖区外的 1 号测点影响则较小。

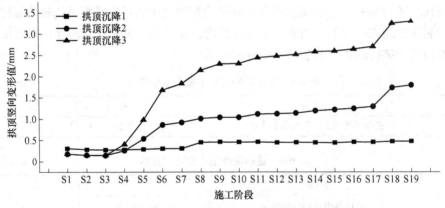

图 6-10　基坑开挖过程既有地铁隧道衬砌拱顶竖向变形值

（5）对既有地铁隧道进行收敛变形分析，分析结果如图 6-11 所示。可以看出，在上覆土体清除过程中，隧道左侧发生偏离隧道中心的变形，变形较小，但是在随后的基坑开挖施工中，衬砌的收敛变形持续变大，且可以很明显地看出在内基坑施工阶段对衬砌所产生的收敛变形（Step3～Step7）大于外基坑逆作的施工变形（Step8～Step17）。由此看出，内部核心岛基坑施工对土体的扰动大，产生较大的侧向卸载，对隧道的影响较大，而逆作法扰动小，开挖前便进行板柱施工，控制变形的效果好。

当内外基坑施工完毕，进行横通道开挖，可以看到隧道的左侧收敛亦发生了突变，2 号通道正下方的衬砌收敛测点 3 从 2.70mm 发展到 3.25mm，监测点 1 的整体变化趋势与 3 相同，但是其最大变化量为 1.79mm，变化过程相对稳定。

对隧道所有的测点进行侧向变形的监测，如图 6-12 所示，与轨道的沉降情

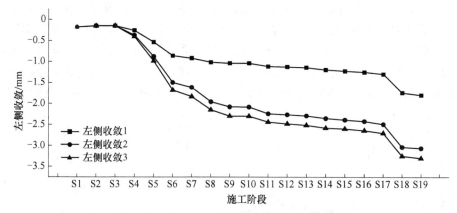

图 6-11 基坑开挖过程既有地铁隧道衬砌收敛

况不同，隧道北侧的基坑每一次的开挖施工，都相当于是对隧道的侧向的卸载，施工过程依次对隧道的侧向变形产生影响。可以看出，内部基坑施工，隧道侧向收敛变形增大明显，而逆作区施工时，隧道侧向变形并不太大。最后，隧道的侧向收敛变形分布规律主要是模型中间侧向变形大，两侧变形收敛小。

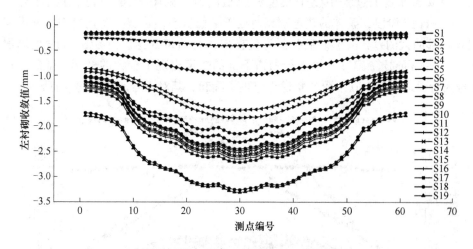

图 6-12 基坑开挖过程既有地铁隧道衬砌整体收敛监测

（6）对既有地铁隧道的轨道进行变形影响分析，主要监测北边隧道左轨道的隆起变形情况，数值计算结果如图 6-13 所示。可以看出，场地覆土清理后，轨道发生较大的竖向位移，最大为 4.54mm。随后，隧道周边抗拔桩施工并进行注浆预加固，由于挖孔成桩土体卸载，且周边注浆加固土体强度增加，轨道又出现了一定的恢复，此时最大隆起已经近于 3.23mm。其后，随着基坑内部顺作施工（Step3~Step7）对于左轨道测点 1、2 影响较大，两侧点同时出现了轨道隆起，这主要是因为开挖后的内部支护施作预应力锚杆，对于隧道周边的土体产生一定的卸载作用。当外部基坑逆作施工，由于先施工立柱和顶板，相对于隧道而言提升了其侧向约束和挤压，隧道变形又开始缓慢增大，这个过程与施工参数相关。最后，当开挖人行通道 1～3 的时候隧道上覆土的卸载作用非常明显，做轨道沉降点 1 由 3.34mm 变到了 4.58mm，变化幅度之大，说明此刻的轨道处于极不稳定状态，处于基坑施工影响范围内的 1、2 测点影响大，而 3 号测点影响小。

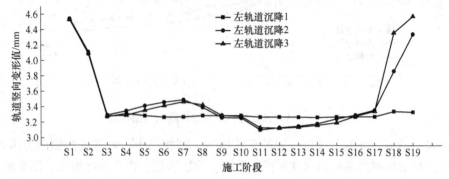

图 6-13　基坑开挖过程既有地铁隧道左轨道隆起监测

提取基坑施工过程中整个模型的轨道测点，见图 6-14，可以看到在开挖 Step1～Step17 阶段，整体的轨道都相对处于平稳状态，轨道的变化均匀，并没有出现局部的大的差异变形。而当隧道的横向人行通道开挖，由 S18、S19 可以看到，2 号人行通道施工，2 号人行通道下部的轨道出现了较大的隆起。随后，1、3 号人行通道施工，其下覆的轨道也出现了隆起，其对 2 号通道隆起也有影响。

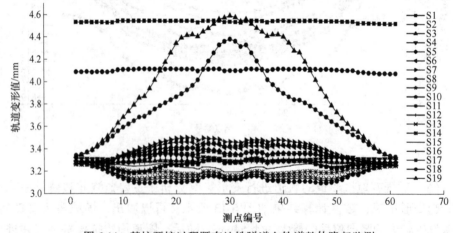

图 6-14　基坑开挖过程既有地铁隧道左轨道整体隆起监测

（7）对既有隧道道床进行竖向变形分析，如图 6-15 所示，其变形规律与轨道变形规律较为一致，这主要是轨道与道床间距较小，按照我国地铁常用设计，道床中点距离轨道仅仅 0.7m 左右。但是，由于道床直接与衬砌接触，且钢轨本身具有较强的刚度，因此其整体的变形值会略大于轨道变形值。

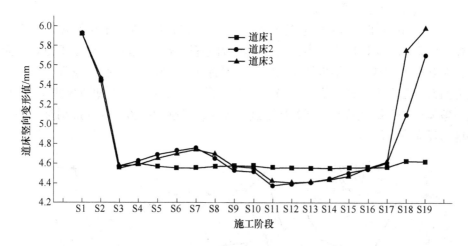

图 6-15 基坑开挖过程既有地铁隧道道床隆起监测

（8）对既有地铁隧道整体变形分析。内部顺作和外部逆作基坑对于隧道衬砌竖向和水平向变形见表 6-12 和表 6-13，统计四个阶段的衬砌结构的最大和最小竖向位移，可以看出最大和最小的变动趋势整体相同，最大上浮量为 6.67mm，最小为 3.97mm，最大上浮变形主要集中在模型中部，随着基坑内部核心岛和外部逆作的开挖，隧道的最大上浮量均有所下降。较之竖向变形，隧道衬砌的最大水平变形则小了许多，最大的水平变形则仅为 3.82mm。

表 6-12　既有地铁隧道衬砌结构竖向位移　　　　　　　　　　mm

施工步	S1	S2	S3	S4
隧道衬砌结构最大竖向位移	2.72	6.67	6.43	6.04
隧道衬砌结构最小竖向位移	1.02	3.97	4.07	3.10

表 6-13　既有地铁隧道衬砌结构水平位移　　　　　　　　　　mm

施工步	S1	S2	S3	S4
隧道衬砌结构最大水平位移	0.75	2.91	3.82	3.40

（9）基坑施工对隧道衬砌应力的影响分析。上述分析了基坑开挖对隧道衬砌、道床、轨道变形的影响，还应针对隧道的衬砌的压力变化进行分析，判断其受力状态和稳定状态。以隧道两侧收敛处的水平压力为主进行研究，监测结果见图 6-16 和图 6-17，可以看出，隧道左侧较之右侧的应力变化波动大，因左侧更为靠近基坑施工侧。由于测点 1 在靠近基坑施工外侧，所以整个施工过程中，左

侧和右侧测点 1 的压力变化相对稳定，而处于人行道通道下侧的测点 3 和基坑范围内的测点 2，则变化浮动较大。

由图 6-16 可知，场地内上覆土体清除和抗拔桩加固等措施，引起了一定的土体侧向卸载，所以压力变小，而当在进行内基坑施工过程中，衬砌压力有所回升，尤其在内做基坑的梁板柱施工后，此刻通过顶板底板作为传力途径，衬砌的压力回升幅度明显。外基坑逆作施工，土方开挖，各施工步的卸载效应不明显，但是整体还处于卸载状态。当横通道进行施工，衬砌的应力发生变形调整，侧边的应力反而有所增加。

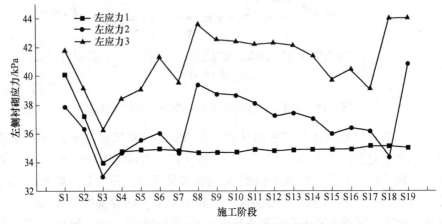

图 6-16   基坑开挖过程既有地铁隧道左侧应力监测

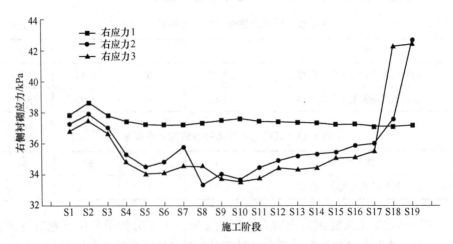

图 6-17   基坑开挖过程既有地铁隧道右侧应力监测

通过所述分析可知，工程项目深基坑自身变形主要受各施工阶段开挖方案与支护方式的影响，就施工工法而言，逆作法相较顺作法支护发生的变形小。既有地铁隧道的变形主要受顺作施工、地铁隧道上部连接通道施工的影响较大，呈现出结构变形、隧道左右侧应力变化量大、变化趋势陡增陡减的特点；逆作区施工虽然也产生了一定的影响，但变化量相对较小，变化趋势缓和。因此，在考虑深基坑自身变形与既有地铁隧道变形的前提下，应注重顺作区依次施工、地铁隧道上部连接通道施工、逆作区施工引起的变形安全风险。对主要的安全风险影响因素进行汇总，见表 6-14。

表 6-14 工程各阶段施工安全风险影响因素

施工阶段	影响因素
顺作区施工	地质水文条件
	顺作开挖深度
	顺作平面形状
	桩墙相关参数
	锚固
	施工工序
	坑外荷载处理
	坑底暴露时间
	降排水措施
地铁隧道上部连接通道施工	土体加固
	施工工序
逆作区施工	地质水文条件
	逆作开挖深度
	逆作平面形状
	支撑
	施工工序
	坑外荷载处理
	降排水措施

6.4.3 安全风险预防控制措施

由于工程施工潜在的安全风险巨大，为保证对安全风险进行良好的事前预防控制，应对基坑工程施工技术措施进行优化，制定针对性、可靠性强的安全风险控制技术。

6.4.3.1 顺作基坑施工安全风险预防控制措施

A   施工开挖步序影响分析及控制措施

基坑开挖施工顺序对既有地铁隧道的影响，通过设定四种不同的情况进行对比，基坑开挖不同工况顺序图如图 6-18 所示。其工况一：从基坑的一端往另外一端开挖；工况二：从基坑的两端往中间开挖；工况三：以基坑的中面为界，将基坑分为两侧，左侧基坑和右侧基坑分别从两端向中间开挖；工况四：以基坑中面为界，将基坑分为左右两侧，从远离既有地铁隧道侧的基坑一端向另一端开挖，抵达另外一端后，开挖靠近既有地铁隧道侧，单向开挖。以上工况中，均分为三层开挖，每一次仅开挖至下一层顶板标高处。

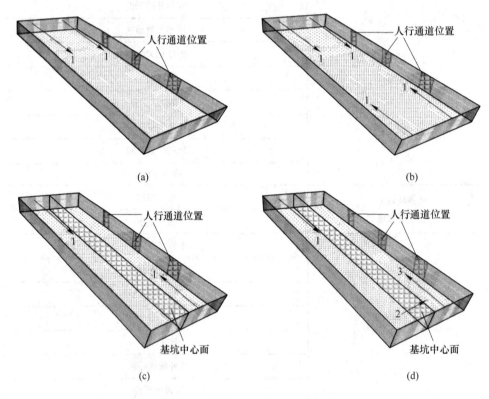

图 6-18   基坑开挖施工顺序图
(a) 工况一；(b) 工况二；(c) 工况三；(d) 工况四

通过对四种工况开挖完成后的最大变形值进行对比，工况一的最大变形量 15.14mm（图 6-19），略微小于工况二的 15.23mm，可以看出由两边向中间开挖的施工顺序对于土层的扰动大于单向开挖，而工况三开挖顺序下的 14.93mm，则小于工况一、二，可以看出，将基坑分为左右两部分进行开挖后，并分别从不同的两端，相对开挖的方法相对于整体开挖的工况一、二，扰动小。而方案四则可以看出，该工况的所有变形明显小于其他三种工况，将基坑进行分区，先开挖远离既有地铁隧道侧的部分，再开挖近邻既有地铁隧道侧的部分，这样在进行第一步的开挖的时候，还未开挖的二部土体起到一定的支护作用，降低变形值。

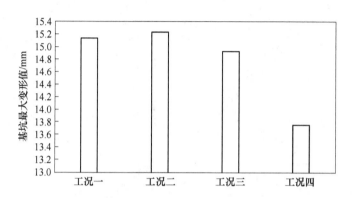

图 6-19　不同工况下顺作基坑外围支护桩最大变形对比图

不同开挖方案对于抑制基坑本身的变形是有影响的，而对于既有地铁隧道的变形影响如图 6-20 所示，可以看到，在工况一与工况二下，基坑开挖对于既有地铁隧道的变形影响主要集中在既有地铁隧道的中间部位，而采用分区域开挖的方式后，最大变形区域出现在既有地铁隧道顶部，既有地铁隧道的变形变得比较均匀。衬砌的这种整体变形对于既有地铁隧道而言是有利的，因为既有地铁隧道变形的风险较为突出的是局部差异变形的风险。既有地铁隧道衬砌若整体发生变形，衬砌的内部并不产生附加的内力，但是若既有地铁隧道衬砌发生了差异变形，则会产生非常大的局部应力集中，在列车动荷载的情况下，这种风险体现的更大。

对四种不同工况下的开挖方案进行探讨既有地铁隧道的变形影响，并取其变形最大值。从最大变形值上看，分析结果为：工况四<工况三<工况一<工况二。四种工况可以看出，分区开挖，先开挖远离既有地铁隧道侧能够较好的控制既有地铁隧道的变形，有利于降低顺作基坑施工安全风险。

从基坑开挖工序的角度来分析了基坑开挖顺序、基坑自身变形，以及既有地铁隧道的变形情况，上述工况均是建立在每次开挖施工都开挖至下一次顶板位置情况展开的。而在该工程中，其地下室每层楼高度均大于 4m，单次开挖一层楼的深度，其施工难度非常大，施工安全风险非常高，因此考虑通过分层分次的方式进行土方的开挖。为更合理地研究基坑分层开挖影响，在上述四种工况的基础上，分三种子工况开挖，工况 4-1 与前述工况相同，工况 4-2 将原开挖高度的土层分两层来开挖，工况 4-3 将原开挖高度的土层分三层来开挖，将方案组合，此

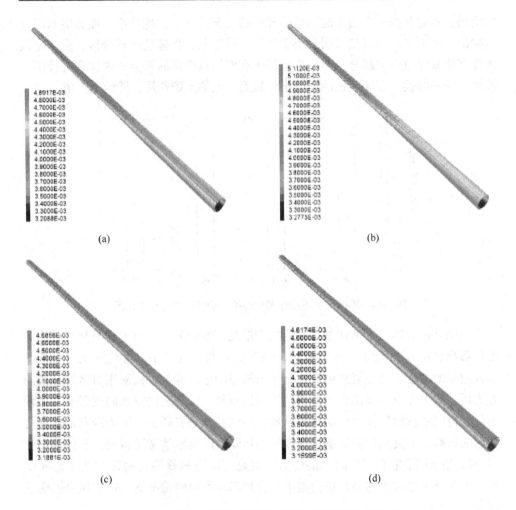

图 6-20 不同工况下顺作基坑对既有地铁隧道变形对比
(a) 工况一；(b) 工况二；(c) 工况三；(d) 工况四

共有 12 种工况。

通过分析，分层开挖后基坑和既有地铁隧道的最大变形值有所降低（图 6-21），分两层开挖后，平均变形较一层开挖减小 6%，分三层开挖后，平均变形较一层开挖减小 23.5%，可以看出，分层开挖对于既有地铁隧道的变形的控制效果是明显的。

B 顺作基坑预应力锚杆安全风险控制技术

为控制内基坑土方开挖等施工步骤对基坑自身稳定性影响，基于现场试验获得的锚索的锚固力学参数，后应用 FLAC3D 有限差分软件，对锚索的施工参数和桩体的施工参数进行优化研究。原设计方案中，锚杆的设计参数见表 6-15。

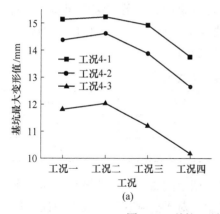 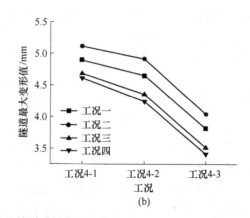

图 6-21 基坑、既有地铁隧道最大变形值图

(a) 基坑最大变形；(b) 既有地铁隧道最大变形

表 6-15 锚杆施工参数

预应力/kN	自由段/m	锚固段/m	抗拔承载力/kN	角度/(°)
135	10	10	350	20

a 预应力锚杆角度优化

在原设计方案中，核心岛基坑周边设计的是预应力锚杆，锚杆的角度为 20°向土体安装，在保持其他预应力锚杆施工参数的情况下，分析不同锚杆角度下，锚杆的安全风险控制效果，设计工况见表 6-16。

表 6-16 不同锚杆施作角度工况表

工况	角度/(°)	工况	角度/(°)
JD1	10	JD3	30
JD2	20	JD4	40

通过分析，得到在不同的锚索施作角度下，靠近既有地铁隧道一侧基坑的水平向位移值。当锚索的角度为 10°～30° 范围内，实际上桩体的变形值差异并不大，测点的最大变形值分别为 49.01mm、44.73mm、42.50mm，而当锚索施工的角度继续增大到 JD4 工况时，最大变形为 56.31mm，锚索的支护效果出现明显的下降。工况 JD3，即角度为 30°时为四种工况的最小位移，而原设计方案中是 20°锚锁角度，综合考量，可以选用 25°的锚索角度为最优，即在这个角度下，土的最大主应力方向和最大锚索的施力方向相同，支护效果最佳。

b 预应力锚杆自由段长度优化

预应力锚索分为自由段和锚固段，锚固段是锚索真正发挥抗拔效果的核心部分，而自由段则为是锚杆拉张伸长率的重要部分，是控制锚索施工的一项重要指标。各段的情况不同，受力不同，对墙体变形约束所起到的约束效果也不一样。因此在原设计方案的基础上，控制锚杆其他施工参数不变，对比了自由段长为 8m、10m、12m、14m 四种工况下的情形，见表 6-17。

表 6-17　不同自由段长度工况

工况	长度/m	工况	长度/m
lf1	8	lf3	12
lf2	10	lf4	14

通过分析，当自由段长度为 10m 时，桩体四个测点位移位移最小。因此施工现场建议采用自由段长度为 10m 的预应力锚索，对于控制变形的效果最佳，利于控制施工安全风险。

　　c　预应力锚杆锚固段长度优化

选取锚固段分别为 10m、12m、14m、16m 四种不同的工况，进行锚杆参数化建模分析，见表 6-18。

表 6-18　不同锚固段长度工况

工况	长度/m	工况	长度/m
la1	10	la3	14
la2	12	la4	16

通过分析，随着锚固长度的增大，桩体的水平位移越来越小，但一味地通过该工况来降低桩体变形是不经济的。所以在经济合理的范围内，建议采用长度为 10m 锚固段的预应力锚索，对于控制施工安全风险控制最佳。

　　d　预应力锚杆预应力合理值优化

预应力锚索最重要的施工参数是预应力的设置，预应力的大小对限制变形的效果不同。因此，本处在锚固应力的基础上增加 30kN、60kN、100kN 预应力，见表 6-19。

表 6-19　预应力锚杆不同预应力增量工况

工况	预应力增量/kN	工况	预应力增量/kN
Prt1	135	Prt3	195
Prt2	165	Prt4	235

通过分析，增加锚索预应力值在一定程度上可以逐渐减小桩位移，且对桩顶的位移较小程度较大，桩顶的位移由 27.65mm 逐渐降至 22.05mm。因此可以适当地提高锚索的预应力，但需注意不应一味以控制预应力来达到效果，建议预应力结合分析与工程实际适当提高。

6.4.3.2　逆作基坑施工安全风险控制技术

基坑顺作区完成后，即进行外围逆作区的施工，逆作区施工分区图，见图6-22。基坑逆作法施工过程中，逆作区左部、逆作区前部和后部的开挖对于既有地铁隧道变形影响都较小，且主要是集中在靠近既有地铁隧道侧的基坑逆作区所引起的变形。

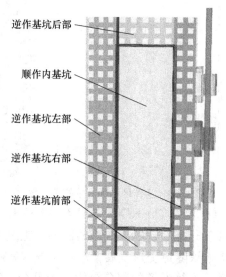

图6-22　基坑逆作分部开挖施工图

对逆作区开挖顺序对于既有地铁隧道变形的影响分析，对工况简化如下：仅考虑靠近既有地铁隧道侧的三层逆作区的暗挖施工，见图6-23。工况 KW1，仅

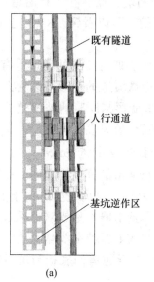

(a)

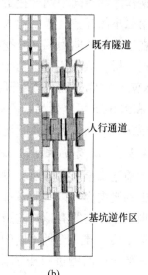

(b)

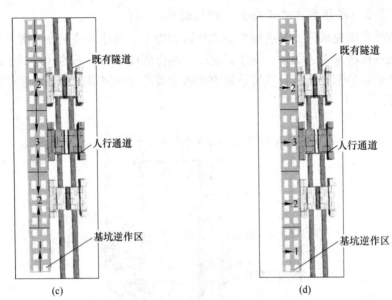

图 6-23 逆作区不同开挖施工方案

(a) KW1；(b) KW2；(c) KW3；(d) KW4

考虑逆作区单向开挖对于既有地铁隧道变形的影响；工况 KW2，考虑逆作区由两端向中间开挖，既有地铁隧道变形发展情况；工况 KW3、KW4，将逆作开挖分为五个部分，其中靠近人行通道的部分分为三个部分，其余两端各为一个部分。其中，工况 KW3 先开挖施工基坑逆作区两端，为加快施工进度，而后在人行通道 1、3 处的部分相向开挖，最后对人行通道 2 进行相向开挖。工况 KW4 中，对逆作区两端向中间开挖的方式，首先开挖两端，而后在人行通道 1、3 处对进行第二步的开挖，最后对人行通道 2 进行开挖，可以看到，KW3 与 KW4 的差别仅在于开挖方向由相向开挖改为单向开挖。

通过分析，KW1 下的既有地铁隧道变形量最大，四种工况的变形量有 KW1> KW2> KW3> KW4，而且随着开挖的进行，既有地铁隧道的变形持续变大。且由图 6-24 和图 6-25 可以看出，既有地铁隧道的收敛变形与既有地铁隧道的拱顶隆起变形规律具有一致性，各工况随着每层开挖的变形值见表4-9。

6.4.3.3 既有地铁隧道上方施工安全风险控制技术措施

通过前述安全风险分析，发现在进行三个人行通道的开挖工程中，既有地铁隧道顶部的竖向变形以及收敛变形发生了突变，其中，竖向发生了向上的隆起，水平方向发生了向既有地铁隧道中心处的收敛。因此对既有地铁隧道采取的加固措施至关重要，建立五种不同的工况进行分析，见表6-20。分类依据为：是否在既有地铁隧道的两侧进行土体注浆加固、是否将人行通道的底板与抗拔桩形成"护箍整体"，是否进行堆载反压等措施。

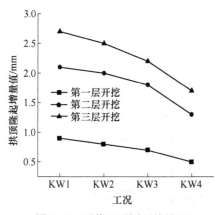

图 6-24 逆作区不同开挖施工
既有地铁隧道拱顶隆起变形趋势图

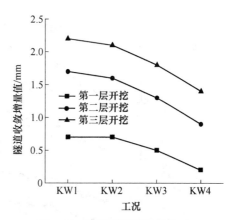

图 6-25 逆作区不同开挖施工
既有地铁隧道收敛变形趋势图

表 6-20 计算工况表

工况名称	既有地铁隧道 进行注浆加固	底板与抗拔桩形成 "护箍整体"	底板进行堆载反压
JG1	否	否	否
JG2	是	否	否
JG3	否	是	否
JG4	否	是	是
JG5	是	是	是

通过分析结果（图 6-26），可知 JG1 是在不进行任何加固措施的情况下左线轨道隆起变化，出现了很大的上浮，施工安全风险极大。工况 JG3 所采取的措施是采用底板与抗拔桩形成"护箍整体"的施工构造措施，变形较 JG1 明显降低。工况 JG2 仅进行土体的预先注浆加固，变形控制效果显著。工况 JG4 加固措施为底板与抗拔桩形成"护箍整体" + 堆土反压的两种组合，变形控制效果介于工况 JG3 与 JG2 之间，则该加固措施方案没有注浆加固方案的控制效果好，从风险控制的角度而言注浆加固方案为较优选择。工况 JG5 是将三种加固措施都用于控制变形所示，轨道整体变形量确实进一步变小，但需考虑经济性。

因此，通过对既有地铁隧道上覆的土体进行注浆加固，能有效降低轨道的隆起和周边收敛值。但是，并不是说注浆加固提高土体的参数越高，控制的效果越好，也不是注浆的范围越大，变形控制的效果就越好，这两个注浆施工参数均存在一个最佳值。因此在注浆试验段，应进行注浆参数的调试，主要调试浆液配比，注浆压力，注浆所采用的施工工艺等相关注浆参数，同时确保在选定的范围内浆液充分扩散，达到预定要求。

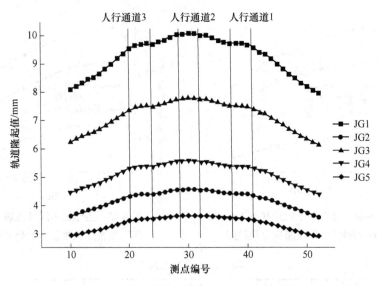

图 6-26　人行通道下既有地铁轨道上升情况图

6.4.3.4　降水施工安全风险控制技术

A　降水速度对施工安全风险影响研究

设计方案中，降水井的深度定在 18m，此时的止水帷幕，即围护结构入土深 22m，单侧设置降水井 10 口，可以计算在不同抽水速度下基坑内外水头差的影响，对抽水速度为 60m³/d、120m³/d、160m³/d、200m³/d 等工况进行分析。根据分析结果（图 6-27），可以看到当抽水速度为 60m³/d，围护+2m 与围护+4m 水头埋深下，基坑内水头分别降至原始水位以下 1.04m，2.99m，其效率提升了 187.5%；当降水速度达到 120m³/d，基坑水头下降到了 3.88m 和 5.90m，降水速度提高 1 倍后，降水深度分别提高了 272.5% 和 97.1%；当继续提高降水速度到 160m³/d，水位降到了 8.3m 和 12.07m，在 120m³/d 的基础上分别提高了 113.9% 和 104.7%，而再继续提高降水速度，基坑内的水位降至原始水位以下 9.75m 和 15.99m，此时的水位的变化并不理想，仅仅下降了 17.5% 和 32.5%，效果不如之前三种工况显著。同时，结果表明，抽水速度一样的情况下，围护嵌入深度不同，其对基坑的降水影响较为明显，其可以有效阻隔内外基坑的水力互通，由此可以在现场进行降水施工的时候，采取适当提高围护嵌固深度的办法，降低施工安全风险。

B　反压回灌措施对施工安全风险影响研究

在实际基坑工程降水过程中，往往会有一定的盲目性和随机性，这主要是因为地下水分布不均匀，且地下水分布与地层的空隙通道密切相关。因此进行基坑降水，路面产生不均匀沉降较为严重时，周边邻近的建筑物或地下构筑物会发生

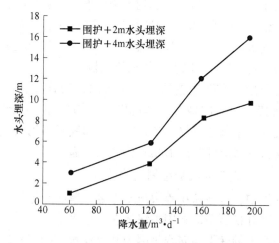

图 6-27 不同围护桩嵌固深度下水头埋深与降水量关系图

不均匀沉降，后产生开裂，甚至有坍塌的可能。所以，针对一些大型基坑施工，且周边有重要邻近建（构）筑物，为防止上述危害发生，可以设置反压井进行地下水回灌，以补偿降水过多带来的危害。反压加水的过程中，为了不至于让地面隆起，又得控制地面的沉降，这里设置反压回灌量为 $50m^3/d$、$70m^3/d$、$100m^3/d$ 三种工况。通过分析，由图 6-28 可知 $50m^3/d$ 的反压回灌设计值量小，所以对于地表的变形并没

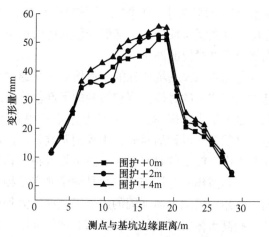

图 6-28 不同反压回灌引起坑周边地表隆起变化

有得到较好的效果，最大沉降为 27.3mm，而提高 40%反压回灌量后，地表的最大变形下降至 17.24mm，进一步提高围护嵌固深度，最大沉降量为 13.26mm。

6.4.3.5 安全风险预防措施汇总

A 基坑顺作区施工安全风险预防控制措施

该基坑工程施工前，进行坑内降水，降水以经济适用为前提，降至地表以下 20m 为最优工况，同时根据现场监测情况，确定降水速度，并设置合理的围护桩，阻隔渗流途径。由于本案南北两侧基坑对称，可以采用四台小挖掘机进行工作，每台挖掘机配备足够数量的装载车，采用从远离既有地铁隧道侧的基坑一端向另一端开挖，抵达另外一端后，开挖靠近既有地铁隧道侧开挖，单向开挖，每

次开挖长度控制在 20~30m，且对每次开挖的土进行分层开挖。当开挖至指定标高 30cm 处，退挖接力的方式，消除预留坡道，剩余覆土考虑人工开挖的方式施工，并进行找平。基坑施工尤其注意基坑周边不出现大于 20kPa 的超载，大型重力机械也应该距离基坑边缘 3m 以上，并加垫钢板。

在基坑周边的开挖中需要边挖边进行基坑周边喷锚支护，可以考虑基坑的"边角效应"，基坑变形较大的地方在基坑围护结构中部，因此采用非等参数施工的方式，在基坑施工中部进行局部参数提高。如锚索采用 25° 斜插角，自由段、锚固段长均为 10m，并对局部提高 100kN 预应力储备。

B 基坑逆作区施工安全风险控制技术措施

在深大基坑施工中，应该减小单次出土方量、单次开挖的开挖步、单次掘进的空间，尽量缩短因开挖所造成的围护墙体在没有水平向支撑下的暴露时长。另外，在开挖过程中产生的变形很多都是因为开挖本身的卸载和应力、变形释放导致的，减少暴露时长的另外的作用是降低土体流变给基坑带来的持续变形影响，这就是基坑的"时空变形"。应该充分认识这种时空变形效应，并从这种效应的原理出发减缓这种变形，降低变形的增长速率，以达到控制这种变形增长速率和控制变形绝对值的办法。

各地的深大基坑所处的工程地质环境通常为软土等工程性质较差的地段，在基坑上部施工的时候，围护结构的下部就已经产生了变形，并且随着开挖越来越深，这种变形越来越大。由于土体是三相介质组成，其发生的塑性变形均不可逆，这就要求设计的时候，将控制基坑开挖面以下的变形发展趋势的思想贯穿设计图纸中，施工的时候工作人员也将这种意识融入日常的工作中。

目前逆作法基坑施工的大量理论研究已经开始用于生产实践，理论和实践表明，应用不同的土体加固的施工工艺在很大程度上是可以改善土体的物理力学性能，提高土体的承载能力。目前的加固方法主要是采用外加剂注入地层或与地层土体搅拌混合的方法，根据不同的施工工艺和注浆加固形式，改良后的土体在可以降低或者减缓开挖地层以下的土体的变形。在通过时空效应的角度来控制土体开挖后的基坑的侧向及基坑总体变形值，减小施工卸载对周边土体造成的扰动，降低地表沉陷量。因此，在施工过程中应该融入这种时空效应的观念。基坑变形涉及的因素较多，如地层性质、开挖施工方式、地层水文特性、施工区附近场地条件等，因此逆作区施工也可以从设计及施工的角度来综合考虑。

该基坑工程顶板以上的土方，可以进行明挖施工，如顺作区施工。顶板下方土体，采用暗挖逆作，可以采用挖掘机挖土＋自卸车运吊土斗的方式来提升施工效率，加快施工进度。具体施工流程如下：(1) 第一次开挖从西往东分 2 层开挖至负一层下 2m 高度范围内土方。顺作法施工负一层结构主体。(2) 负二层分 2 层开挖，每层开挖高度 2m，开挖至负二层中板主梁底预定标高，并考虑设置垫层的影响,施工负二层中板、中梁;立侧墙模板,施工负二层侧墙;负二层板施工 60m 距离后,和负二层挖土形成流水作业。(3)向下开挖负三层,负三层土方分 2 层开挖,每层开挖高度 2~3m;开挖到底板标高后,按顺序依次施工综合接地、底板、底梁和侧墙。负三层板施工 60m 距离后,和负三层挖土形成流水作业。(4)负三层结构施工完成后,进行地下交通枢纽人防工程内部结构施工。(5)内部结构施工完成后,封闭出土孔,进行顶板防水层施工和顶板回填土填筑。

C 既有地铁隧道上部施工安全风险控制技术措施

由前述分析可知,对土体进行注浆加固的方法对抑制轨道上浮最为有效和显著,尤其是对于轨道的差异沉降的控制。但是由于施工条件和施工场地的限制,无法对既有轨道下部的土体进行加固,那么既有地铁隧道下部的回弹就无法避免,因此想要完全消除轨道的隆起上浮是不可能的,只能尽量减小既有地铁隧道内轨道的隆起变形。

在实际的施工过程中,分块对人行通道进行施工,并及时施工人行通道的板底,并将板底、抗拔桩不断地浇筑和养护,随着底板结构的不断浇筑,其最后才能与抗拔桩形成一个完整的抗隆起体系,所以该种方法主要作用是控制施工完成后的土体上浮,而非施工过程中的过程控制。

施工过程中,分块开挖后的人行通道进行施工,并对每一分块的底板进行堆土回填的措施来反压下部的土体反弹,该种方法是主动控制下覆既有地铁隧道的隆起上抬,但是需要注意的是,这往往都需要在底板混凝土强度达到规定的养护强度之后才能进行,因此在施工的过程中无法控制下覆轨道的上浮及差异变形,可以说具有相对的滞后性和局限性。这也就是"护箍整体"+堆土反压的联合施作变形控制效果不如土体加固来的明显的原因。

因此,综合上述所叙内容,在施工人行通道的过程中,仅仅进行单一的保护措施是无法将既有地铁隧道的变形控制在允许的范围内的,只有明白三种加固措施的加固机理,了解三种加固措施的加固效果,并综合三种加固措施的优点和不足,综合使用三种加固措施,合理进行施工组织安排和专项施工方案,相互取长补短,采用能够更好地、更加有效地控制既有地铁隧道变形措施,才能达到控制施工安全风险的目的。

对于基坑工程的施工过程中,在空间上往往都会造成水平向已经垂直方向上卸荷效应,而且随着土体开挖深度的不断增加,开挖土体会产生塑性变形,造成大范围的坑底隆起,这会直接引起侧方既有地铁隧道的变形。所以,可以通过改善开挖区土体的强度,来降低这种施工安全风险。目前,这种加固地基被动区的方法主要有:(1)集水降水加固土体法;(2)混凝土搅拌桩加固法;(3)高压旋喷桩加固法;(4)浆液注浆加固法。需要注意的是,上述方法主要是提高了土体强度，卸载后土体的抗变形刚度等方面来降低变形影响，这些方法都能够起到较好的加固地基的目的，但是由于其机理不同，在不同的施工条件下、不同的加固侧重点上面，都会有不同的方法。

当进行上述的措施后，并不一定就能保证施工期间加固后的结构变形得到控制或者变形速率达到规定的要求，因此就得采用在被动区继续注浆的方式，来进一步地控制变形。这里说的被动区继续注浆，主要是与围护区域较近的地方进行单液或双液注浆。这里采用注浆，除了加固土体外，还可以利用注浆过程中的较高的注浆压力将土挤密，以及土方开挖后，在下层土开挖前所发生的蠕变变形，这样的多种效应的集合来控制基坑围护结构的变形作用。

在实际的施工过程中，基坑施工若已经导致既有地铁隧道发生了较大的变形，是可以通过在过大位移侧既有地铁隧道外部进行注浆纠偏，但是注浆的过程可能不太好把控，浆液的流动趋势，浆液的扩散半径，浆液的注浆压力，这些因素都无法进行预判，只能是凭着经验进行，因此很可能导致既有地铁隧道周边的土体加固不均匀，衬砌受到的压力出现局部增大的情况，这样将造成既有地铁隧道衬砌的附加变形。

D　降水施工安全风险控制技术措施

狭长的基坑施工前，需要进行降水，这可能会引起地连墙（或灌注桩）发生较大的位移，这部分位移可能占到围护结构变形总量的三到四成，因此降水不慎，发生如此之大的位移是不能接受的。其发生的机理主要是：基坑降水后，开挖前，坑内的渗透力降低，导致内外出现压力差，这部分压差由土与围护结构共同承担，体现出的是围护墙体的协调变形，这部分变形指向基坑内侧。开挖过程中，由于卸载，围护结构出现凌空面，因此桩体的另外一侧的压力由围护结构承担，进一步发生侧向偏移。因此文中对降水的深度、降水速度、围护深度及反压回灌等方面进行了详尽的计算。结果表明：降水深度越深，地表的沉降越多，且可以控制坑底的隆起；降水速度对基坑水头影响较大，在抽水速度相同的情况下，围护嵌固深度不同，对基坑降水影响效果越明显；基坑的围护深度可以加大渗流路径，减小基坑变形，增大空隙水压力，整体而言是有利于控制变形。

另外也可以采取每降一部分水，然后开挖一部分的办法，这会比传统的降水到开挖底板以下再进行分层开挖的方案更能控制墙体侧移动。这种分段降水的办法，降低了开挖前的因为渗透力差导致的沉降，而且，边挖边支护，提高了支护对变形的约束效果，降低了不可控的变形，这可将变形控制到一半以上。

6.4.4　工程监测预警

6.4.4.1　基坑工程等级及监控分区

依据《建筑地基基础工程施工质量验收规范》（GB 50202—2002），该基坑工程的类别为一级。

基坑自身监控分区包括坑底、东南西北四个侧面共5个分区；周边环境以高铁站、长途汽车站建筑变形为主要监控对象，其余两侧皆为空地，主要对地表竖向位移进行监控，共4个分区；既有隧道监控分区则根据基坑工程施工影响范围、地质条件、可能被影响变形较大等因素综合分析后，左右线各划分为24个监控分区，共48个监控分区。

6.4.4.2 预警指标

经综合确定对3倍基坑开挖范围内周边环境监测，结合该基坑工程的设计文件与工程实际情况选取下列监测项目为预警指标，见表6-21。

表6-21 基坑工程预警指标

序号	监测对象	预警指标
1	基坑工程	墙（桩）顶水平位移
2		墙（桩）体水平位移
3		墙（桩）顶竖向位移
4		钢立柱竖向位移
5		钢立柱内力测点
6		基坑底部隆起
7		锚索拉力
8		地下水位
9	既有区间隧道	隧道结构上浮
10		隧道结构水平位移
11		隧道结构沉降
12		管片纵缝、环缝张开量
13		管片裂缝
14		道床沉降
15		相邻钢轨高程差
16		钢轨轨距
17		相对变曲
18		振动对隧道引起的峰值速度
19	周边地表	地表沉降
20		地下水位

序号	监测对象	预警指标
21	周边管线	地下管线变形
22	周边建筑	竖线位移
23		裂缝宽度

6.4.4.3 监测频率

各施工阶段监测频率见表 6-22。

表 6-22 各施工阶段监测频率

序号	施工阶段		监测频率
1	开挖前	开挖深度 5m 以内时	1 次/2d
2		开挖深度 5~10m 时	1 次/d
3		开挖深度>10m 时	2 次/d
4	主体施工期	浇筑底板 7d 内	2 次/d
5		浇筑底板 7~14d	1 次/d
6		浇筑底板 14~28d	1 次/d
7		浇筑底板 28d 后	1 次/3d

6.4.4.4 预警区间

该工程取预警控制值的 60%和 80%进行区间划分，黄色区间取预警控制值的 [60%，80%)，橙色区间取预警控制值的 [80%，100%)，红色区间为预警控制值的 100%及以上，各等级对应的预警区间见表 6-23。

表 6-23 警情等级划分及应对管理措施

警情等级	监测比值 G	应对管理措施
绿	$G<0.6$	可正常进行外部作业
黄	$0.6 \leqslant G<0.8$	监测报警，并采取加密监测点或提高监测频率等措施加强对城市轨道交通结构的监测
橙	$0.8 \leqslant G<1.0$	应暂停外部作业，进行过程安全评估工作，各方共同制定相应的安全保护措施，并经组织审查后，开展后续工作
红	$G \geqslant 1.0$	启动安全应急预案

注：1. 监测比值 G 为监测项目实测值与结构安全控制指标值的比值。

　　　2. 当变化速率值连续 3d 超过 2mm/d 时，监测预警等级应评定为橙色等级。

各指标预警控制值是基于现行标准规范并按照轨道公司相关要求来确定的，如表 6-24~表 6-26 所示。

表 6-24　基坑工程自身预警指标控制值

监测对象	预警指标	速率/mm·d⁻¹	累计值/mm
基坑工程	墙（桩）顶水平位移	2	25
	墙（桩）体水平位移	2	40
	墙（桩）顶竖向位移	2	10
	钢立柱竖向位移	2	25
	钢立柱内力测点	—	60% f_2
	基坑底部隆起	2	25
	锚索拉力	—	60% f_2
	地下水位	500	1000

注：f_2 为构件承载能力设计值。

表 6-25　既有区间隧道预警指标控制值

监测对象	预警指标	速率/mm·d⁻¹	累计值/mm
既有区间隧道	隧道结构上浮	1	5
	隧道结构水平位移	1	3
	隧道结构沉降	1	10
	管片纵缝、环缝张开量	—	2
	管片裂缝	—	0.2
	道床沉降	1.5	10
	相邻钢轨高程差	—	4
	钢轨差异沉降	—	0.04% L_s
	钢轨轨距	—	+6~−4
	相对变曲	—	1/2500

注：L_s 为沿钢轨轴向两监测点的距离。

表 6-26　周边环境预警指标控制值

监测对象	预警指标	速率/mm·d⁻¹	累计值/mm
周边地表	地表沉降	—	25
周边管线	地下管线变形	3	30
周边建筑	竖线位移	2	20
	裂缝宽度	—	3

6.4.5　基于 BIM 平台的施工安全技术预警系统

由于该工程预警监测信息量巨大，若采用传统的监测方式则工作量非常巨大，预警效率也随之很大降低，不利于工程施工与既有结构安全风险的动态控制。由于预警本身是信息反馈机制，所以基于 BIM 技术平台建立施工安全技术预警管理系统，以实现监测信息处理与存储、警情诊断、信息浏览、警报发布等功能。

6.4.5.1　安全预警系统层级构成

预警管理系统可划分为 5 个层级：数据采集、数据处理、模型层、应用层、用户层，如图 6-29 所示。

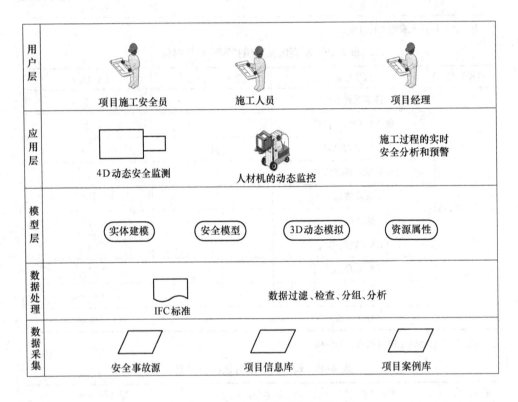

图 6-29　安全风险控制系统层级构成

A　数据采集

原始数据的来源主要有三方面：（1）现场施工数据的采集；（2）信息库、相关工程项目案例信息；（3）输入数据及管理过程中的修正与干预信息。

B　数据处理

数据处理是保证系统能够准确提供安全风险控制服务的数据前提，数据处理的好坏，直接影响到后期安全风险控制措施的准确性和高效性。数据处理主要由安全预警系统的使用者和安全管理人员根据建筑业标准规范和系统设定，并结合工程实际情况，将原始数据进行格式转换，通过系统有效处理，将处理后格式统一、系统可高效识别的数据上传至不同的数据库。

C 模型层

模型层主要建立建筑模型、安全风险警情诊断模型及 3D 动态模拟等模块，是整个安全风险控制模型的核心部分。

D 应用层

应用层可以将模型层的功能实现形象应用，和用户层进行有效连接，是将基于 BIM 的安全风险控制系统功能成功运用于施工安全风险控制中不可或缺的环节。

E 用户层

用户层主要包括项目经理、施工人员、安全人员及其他相关人员，通过人机交互，能够将系统的安全风险信息进行形象的转换，有助于工作人员清晰地了解施工现场的安全状态。同时，系统中的安全风险信息会随着施工进度、现场实际情况进行更新，为管理人员提供准确、及时的警情信息。

6.4.5.2 安全预警系统运行流程

首先建立 BIM 模型，该模型包含必要的基坑设计信息，如既有隧道、支护结构、桩、立柱、周边管线等，如图 6-30 所示。

导入施工安全监测数据，该数据存放在 Excel 表格中，并通过 IFC 将其标准化，通过读取该数据生成深基坑安全技术预警模型。在生成安全风险控制模型时应注意将数据转换成空间三维坐

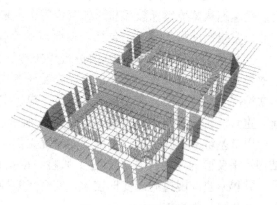

图 6-30 基坑整体模型

标形式（如图 6-31 所示），将监测数据转换成的三维坐标连接起来，即得到该控制孔的变形曲线。

系统将基坑模型的所有轨迹数字化，将安全监测信息输入系统中，自动生成既有地铁隧道、深基坑变形后的模型，再将规定时间点的模型与初始模型叠合，系统自动计算两者的偏差。通过偏差数据与系统设定安全标准的比较，自动形成模型变形色谱值，将整个量测过程形成的模型进行串联，便会形成邻近既有地铁隧道与深基坑的监测数据模型。如果监测数据进入预警区间，系统则自动做出响

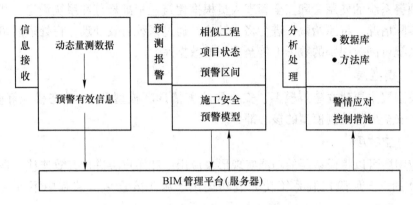

图 6-31 施工安全技术预警系统框架

应，并将事故案例存储于模型数据库中，并自动生成安全风险事件处理报告。

6.4.5.3 施工安全预警信息浏览

该平台相较传统监测预警方式，其施工安全预警信息浏览功能有利于安全管理者迅速、准确获取警情信息，可以通过不同的颜色迅速了解并判断当前基坑施工安全风险状况，并及时采取措施。该安全风险控制指标提供如下两种浏览方式：（1）安全风险异常指标浏览。如果项目处于非安全状态，系统中异常指标可以迅速地从监控指标数目和详细定位现实出来，后通过系统的查看功能，具体查看异常指标的相关情况，包括：量测点的变化趋势、测点编号、测点位置等。（2）可以通过选取指标树的方式进行预警指标浏览，在操作界面的右侧，可以选取异常指标，点击其状态，也可以查看任意状态下的指标。第一种方式能提供异常情况下风控指标，第二种方式还可以提供实时数据更新功能，实现数据的更新、重置、实现人工数据调整，如图 6-32 所示。

以该基坑工程施工过程中出现的情况为例，既有隧道水平变形积累量与隧道结构水平变形的速率存在较大施工风险，根据该系统提示，发出了黄色危险信号，并提示当前隧道局部变形较大，安全风险控制系统需要加大对各类指标的监测，并采取预控措施。

施工项目的技术人员看到系统提示的信号后，通过指标体系的建议，发现系统发挥的数据，隧道的水平变形和变形速率都出现异常，并进一步查看发现隧道的水平位移累计有两个测点出现异常，水平变形速率有一个点出现异常，异常位置的 7-K 与 9-F 轴，其隧道水平累计为 2.3mm 另一个为 2.1mm，测点的变形速率 0.7mm/d。

管理人员需要关注施工过程中的指标变化情况，以达到更为准确的风险控制。通过调用 2 周内的指标数据绘制趋势变化图，由于 J 轴某坐标累计水平变形处于峰值，之后累计的位移处于可控范围内，结合现场工况，其原因是开挖出土

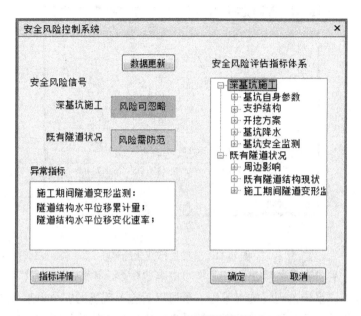

图 6-32 施工安全预警浏览界面

量加大，而之后土方作业达到预定，随后土方出土量持续减少。而查看 JT010 测点水平变化速率指标发现，4.6 以后，9-F 轴，造成土方开挖施工出图的速度加快，因此既有隧道荷载速率过快，造成了盾构隧道局部上浮隆起。选择测点，查看动态，其趋势如图 6-33 所示。

基于安全风险控制系统的提示，管理人需要对每日监测数据进行跟踪，并且主要工作是控制 9-F 区域的施工作业，其主要风险控制措施是增加施工区域上部荷载，降低施工区域的土方开挖量。

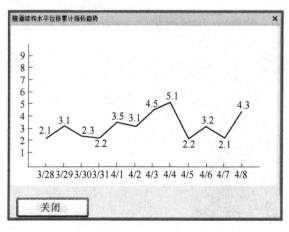

(a)

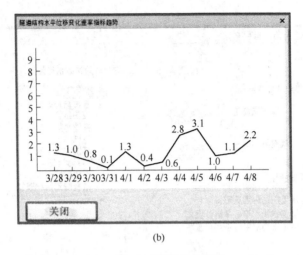

(b)

图 6-33 监测指标变化趋势

(a) 监测累计位移指标变化趋势；(b) 监测累计变化速率指标变化趋势

　　通过运用该系统，现场施工管理人员可以对施工现场的安全风险做出准确的分析和预判，并且由于该系统的可视化效果良好，改变了传统的用圆线定位测点的方式，将之改为三维坐标的方式进行，反映在 BIM 模型中，使得监控量测的定位更加准确直观，且通过该系统能够非常方便的查看周边构筑物的信息，查看风险可能发生的部位，并有针对性的提供风险控制方案。针对 4 月 8 日的盾构风险隐患，通过该可视化的模型（图 6-34），现场工程技术人员迅速地找到荷载施加的部位，计算风险控制方案，很大提升了风险控制的分析速度，保证现场施工安全。

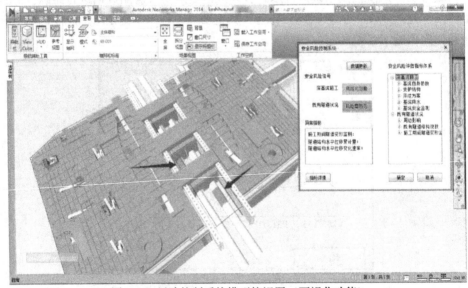

图 6-34 风险控制系统模型俯视图（可视化功能）

参 考 文 献

[1] 向伟明. 地下工程设计与施工 [M]. 北京：中国建筑工业出版社，2013.

[2] 刘铁民. 地下工程安全评价 [M]. 北京：科学出版社，2005.

[3] 中国工程院. 重大地下工程安全建设与风险管理 [M]. 北京：高等教育出版社，2013.

[4] 上海市建设工程安全质量监督总站. 城市轨道交通工程施工风险控制技术 [M]. 北京：
中国建筑工业出版社，2011.

[5] 代春泉. 城市隧道施工风险分析与控制技术研究 [M]. 北京：清华大学出版社，2016.

[6] 梁波、洪开荣. 城市地下工程施工技术在我国的现状、分类和发展 [J]. 现代隧道技术，
2008：20~26.

[7] 钱七虎. 地下工程建设安全面临的挑战与决策 [J]. 岩石力学与工程学报 . 2012, 3
（10）：1945~1956.

[8] 王波. 城市地下空间开发利用问题的探索与实践 [D]. 北京：中国地质大学，2013.

[9] 胡荣明. 城市地铁施工测量安全及安全监测预警信息系统研究 [D]. 西安：陕西师范大
学，2011.

[10] 张顶立. 城市地下工程施工诱发的安全事故及其控制 [J]. 科学导报 . 2017, 35（5）.

[11] 吴玉苗、孙献州. 网络化自动监测预警系统的设计与实现 [J]. 测绘与空间地理信息，
2013（10）：46~52.

[12] 黄宏伟，顾雷雨，王怀忠. 城市地下空间深开挖施工风险预警 [M]. 上海：同济大学出
版社，2014.

[13] 刘国彬. 基坑工程手册 [M]. 北京：中国建筑工业出版社，2009.

[14] 刘铭，张震. 逆作法基坑工程监测综述 [J]. 施工技术，2011, 40（13）；69~71.

[15] 中华人民共和国住房和城乡建设部. 建筑基坑工程监测建设规范（GB 50497—2009）
[S]. 北京：中国计划出版社，2009.

[16] 上海岩土工程勘察设计研究院有限公司. 基坑工程施工监测规程（DG/TJ 08-2001—
2016）[S]. 上海：上海市建筑建材业市场管理总站，2016.

[17] 中华人民共和国住房和城乡建设部. 建筑地基基础工程施工质量验收规范（GB 50202—
2013）[S]. 北京：中国计划出版社，2013.

[18] 上海市勘察设计行业协会，上海现代建筑设计（集团）有限公司，上海建工（集团）
总公司. 基坑工程技术规范（DG/TJ08-61—2010）. [S]. 上海：上海市建筑建材业市
场管理总站，2010.

[19] 包宸豪. 双侧深大基坑邻近既有地铁车站安全影响研究 [D]. 北京：北京交通大
学，2016.

[20] 邱冬炜. 穿越工程影响下既有地铁隧道变形监测与分析 [D]. 北京交通大学，2012.

[21] 北京市基础设施投资有限公司，北京市地铁运营有限公司，北京京港地铁有限公司，北
京交通大学. 城市轨道交通设施养护维修技术规范（DB11/T 718—2016）[S]. 北京：
北京市质量技术监督局，2017.

[22] 中华人民共和国住房和城乡建设部. 工程测量规范（GB 50026—2007）[S]. 北京：中

国计划出版社，2008.

[23] 北京市交通委员会路政局，北京市市政工程研究院．穿越城市轨道交通设施检测评估及监测技术规范（DB11/T915—2012）[S]．北京：北京市质量技术监督局，2013.

[24] 北京市轨道交通建设管理有限公司．地铁工程监控量测技术规程（DB11/490—2007）[S]．北京：北京市建设委员会，2007.

[25] 中华人民共和国住房和城乡建设部．城市轨道交通工程监测技术规范（GB 50911—2013）[S]．北京：中国建筑工业出版社，2014.

[26] 中华人民共和国住房和城乡建设部．盾构法隧道施工与验收规范（GB 50446—2017）[S]．北京：中国建筑工业出版社，2017.

[27] 中华人民共和国住房和城乡建设部．城市轨道交通工程监测技术规范（GB 50911—2013）[S]．北京：中国建筑工业出版社，2014.

[28] 颜晓健．城市地铁盾构施工风险预警研究 [D]．重庆：重庆交通大学，2012.

[29] 周志鹏．城市地铁工程安全风险实时预警方法及应用 [M]．南京：东南大学出版社，2017.

[30] 李玉章．地铁施工事故与预防对策 [M]．厦门：厦门大学出版社，2014.

[31] 陈伟珂．地铁施工灾害预警系统模型与关键技术 [M]．北京：科学出版社，2015.

[32] 姚爱军．地铁隧道施工邻域灾变评估理论与实践 [M]．北京：科学出版社，2016.

[33] 彭华．穿越轨道交通工程风险评估及其控制 [M]．北京：科学出版社，2015.

[34] 周松，陈立生．地下穿越施工技术 [M]．北京：中国建筑工业出版社，2016.

冶金工业出版社部分图书推荐

书　名	作　者	定价(元)
冶金建设工程	李慧民　主编	35.00
岩土工程测试技术（第2版）（本科教材）	沈　扬　主编	68.50
现代建筑设备工程（第2版）（本科教材）	郑庆红　等编	59.00
土木工程材料（本科教材）	廖国胜　主编	40.00
混凝土及砌体结构（本科教材）	王社良　主编	41.00
岩土工程测试技术（本科教材）	沈　扬　主编	33.00
工程经济学（本科教材）	徐　蓉　主编	30.00
工程地质学（本科教材）	张　荫　主编	32.00
工程造价管理（本科教材）	虞晓芬　主编	39.00
建筑施工技术（第2版）（国规教材）	王士川　主编	42.00
建筑结构（本科教材）	高向玲　编著	39.00
建设工程监理概论（本科教材）	杨会东　主编	33.00
土力学地基基础（本科教材）	韩晓雷　主编	36.00
建筑安装工程造价（本科教材）	肖作义　主编	45.00
高层建筑结构设计（第2版）（本科教材）	谭文辉　主编	39.00
土木工程施工组织（本科教材）	蒋红妍　主编	26.00
施工企业会计（第2版）（国规教材）	朱宾梅　主编	46.00
工程荷载与可靠度设计原理（本科教材）	郝圣旺　主编	28.00
流体力学及输配管网（本科教材）	马庆元　主编	49.00
土木工程概论（第2版）（本科教材）	胡长明　主编	32.00
土力学与基础工程（本科教材）	冯志焱　主编	28.00
建筑装饰工程概预算（本科教材）	卢成江　主编	32.00
建筑施工实训指南（本科教材）	韩玉文　主编	28.00
支挡结构设计（本科教材）	汪班桥　主编	30.00
建筑概论（本科教材）	张　亮　主编	35.00
Soil Mechanics（土力学）（本科教材）	缪林昌　主编	25.00
SAP2000结构工程案例分析	陈昌宏　主编	25.00
理论力学（本科教材）	刘俊卿　主编	35.00
岩石力学（高职高专教材）	杨建中　主编	26.00
建筑设备（高职高专教材）	郑敏丽　主编	25.00
岩土材料的环境效应	陈四利　等编著	26.00
建筑施工企业安全评价操作实务	张　超　主编	56.00
现行冶金工程施工标准汇编（上册）		248.00
现行冶金工程施工标准汇编（下册）		248.00